Fachberichte
Messen · Steuern · Regeln
Herausgegeben von M. Syrbe und M. Thoma

7

Jörgen P. Foith

Intelligente Bildsensoren zum Sichten, Handhaben, Steuern und Regeln

Springer-Verlag
Berlin Heidelberg New York 1982

Autor
Professor Dr. Jörgen P. Foith †
Universität Kaiserslautern – Informatik
Erwin-Schrödinger-Straße
D-6750 Kaiserslautern

Mit 64 Abbildungen

CIP-Kurztitelaufnahme der Deutschen Bibliothek
Foith, Jörgen P.:
Intelligente Bildsensoren zum Sichten, Handhaben,
Steuern und Regeln / Jörgen P. Foith. –
Berlin ; Heidelberg ; New York : Springer, 1982.

ISBN-13:978-3-540-11750-6   e-ISBN-13:978-3-642-81885-1
DOI: 10.1007/978-3-642-81885-1

NE: GT

Nachruf

Als langjähriger Freund und Kollege von Professor Dr.-Ing. Jörgen
P. Foith fühle ich mich dazu berufen, das von ihm geschriebene,
hier vorliegende Buch nach seinem plötzlichen Tod am 6. Juni 1982
posthum heraus zu geben. Er starb im Alter von 36 Jahren an den
Folgen eines tragischen Autounfalles.

Mit ihm hat die Fachwelt nicht nur einen wertvollen Mitarbeiter
für den Einsatz von Sensoren in der industriellen Fertigungstechnik verloren, er war auch durch seine grundlegenden Arbeiten auf
dem Gebiet des "Computersehens", der Bildanalyse und der Bildverarbeitung mit Computern (zusammen mit seinem Kollegen Prof. Ehrich
in den USA) eine international bekannte Persönlichkeit, nicht zuletzt durch sein verbindliches Wesen und seine Fähigkeit, theore-
tische Zusammenhänge zu erkennen und deren praktische Anwendung
in der Industrie abschätzen zu können. Ich hatte das Vergnügen,
mit ihm in den letzten Jahren in der Industrieberatung neben seiner Tätigkeit als Professor an der Universität Kaiserslautern
zusammen zu arbeiten, nachdem wir miteinander die Volkschule und
das Gymnasium besucht hatten. Seine Gabe des Erkennens von komplexen Zusammenhängen und deren systematische Rückführung und Zerlegung in Einzelprobleme machten ihn zu einem dynamischen und hoch-
geschätzten Mitarbeiter in meinem Institut.

Mit der Herausgabe dieses Buches möchte ich nicht nur der Fachwelt
ein weiteres Zeugnis seiner Arbeiten erhalten - dies hat Prof.
Foith durch seine überaus rege internationale Tätigkeit in Ver-
öffentlichungen und der Organisation von Tagungen und Konferenzen
mehrfach unter Beweis gestellt. Wie seine Tätigkeit an der Universität, stellt dieses vorliegende Buch eine Verbindung dar zwischen
dem wissenschaftlichen Inhalt und der Anwendung in der Fertigungstechnik. Er war bei seinen Studenten ein überaus beliebter Lehrer,
seine Kollegen schätzten ihn aufgrund seiner Verbindung von Theorie
und Praxis (Industrie).

Er war nicht für den Einsatz von Industrie-Robotern um jeden Preis, sondern sah diese "intelligenten" Handhabungsmaschinen als Ersatz für unzumutbare und unmenschliche Tätigkeiten, zu denen heute der Mensch noch vielfach herangezogen wird. Er glaubte nicht an das Gespenst der Massen-Arbeitslosigkeit durch Industrie-Roboter, vielmehr an eine Befreiung des Menschen von monotoner, unzumutbarer und auch gesundheitsschädigender Arbeit, einer von wenig bis überhaupt keiner Kreativität behafteten Tätigkeit. "Weg-rationalisierte" Arbeitsplätze durch den Einsatz von Industrie-Robotern schaffen neue, interessantere, gesündere Arbeitsplätze in der Fertigung, Programmierung, Wartung und Handhabung von solchen Maschinen und deren gesamten Umfeld.

Durch den jähen Tod von Prof. Foith hat die Fachwelt einen grossen Verlust erlitten; er stand erst am Anfang seiner steilen Karriere und hat an weiteren grossen und bedeutungsvollen Zukunfts-Entwicklungen gearbeitet; ich habe in ihm meinen besten Freund verloren.

Sternwarte
Alterswil

August 1982

A. Sutsch
Institute for Computer-
assisted Research in Astronomy
and Automation

Vorwort

Im Bereich der industriellen Fertigungstechnik nehmen die Bemühungen
um eine intensive Automatisierung ständig zu. Wichtige Aufgabenberei-
che, die hier bewältigt werden müssen, sind:

- die Sichtprüfung als Maßnahme der Qualitäts-Kontrolle und Siche-
  rung;
- die Handhabung von Werkstücken und Werkzeugen;
- die Steuerung und Regelung von Prozessen.

Eine Automatisierung dieser Funktionen ist auf den Einsatz von Sensoren aller Art angewiesen. Sensoren können auf allen möglichen physikalischen Meßprinzipien beruhen. Eine besondere Rolle spielen hier die
optischen Sensoren, die für die Automatisierung die Rolle des Sehsinnes des Menschen übernehmen - wenn auch in stark eingeschränkter Form.

Der Begriff "Sensor" bezeichnet ursprünglich lediglich den Signalwandler. Inzwischen wird "Sensor" in einem erweiterten Sinne gebraucht, indem darunter auch die Signalverarbeitung und die Signalanalyse mit ein-
geschlossen sind. Es hat sich eingebürgert, in solchen Fällen von "intelligenten Sensoren" zu sprechen. Da optische Sensoren Bilder aufneh-
men, verarbeiten und analysieren, wird hier von "intelligenten Bildsensoren" gesprochen. Sie sind das zentrale Thema der vorliegenden Arbeit. Insbesondere wird untersucht, welche Rolle diese Sensoren beim
Sichten, Handhaben, Steuern und Regeln spielen.

Die Ziele des Buches sind: 1) die Bestimmung des Anforderungsprofils
und der Randbedingungen für den Einsatz intelligenter Bildsensoren in
der industriellen Praxis; 2) die Durchsicht der Verfahren der Bildanalyse auf ihre Brauchbarkeit für intelligente Bildsensoren; 3) ein Überblick über bisherige Anwendungen und die Typen der Bildsensoren, die
dabei zum Einsatz kommen; und 4) die detaillierte Darstellung _eines_
Bildsensor-Systems, anhand dessen viele praktische Aspekte für den
Entwurf und den Einsatz von Bildsensoren deutlich gemacht werden können.

Das Buch richtet sich an drei unterschiedliche Zielgruppen:

- an potentielle Anwender von Bildsensoren in der Industrie. Diesen
  sollen hier die Grenzen, vor allem aber die Anwendungsmöglichkeiten
  solcher Systeme aufgezeigt werden;

- an Entwickler von Bildsensoren. Diesen sollen wichtige Randbedingungen und Anforderungen aufgezeigt werden. Zusätzlich wird eine Übersicht über wichtige Verfahren der Bildanalyse und über bestehende
  Bildsensorsysteme gegeben;

- nicht zuletzt wendet sich das Buch an Studenten (z.B. der Fachrich-
  tungen Elektrotechnik, Informatik oder Nachrichtentechnik), denen
  hier zukunftsträchtige Anwendungsbereiche ihrer Fachgebiete nahe gebracht werden sollen.

Entsprechend dieser Zielsetzung gliedert sich das Buch in drei Teile:
In Teil 1 wird untersucht, in welchen Aufgaben Bildsensoren eingesetzt
werden können, welche Randbedingungen bei ihrem Einsatz zu beachten
und unter welchen Gesichtspunkten solche Sensoren zu bewerten sind.

In Teil 2 werden diejenigen Methoden der Bildanalyse erörtert, die
grundsätzlich für praktische Bildsensoren in Frage kommen. Wesentliche Kriterien sind dabei die Fähigkeit zur Echtzeitverarbeitung und
die Zuverlässigkeit der Ergebnisse.

Teil 3 stellt detailliert ein Bildsensorsystem ("MODSYS /S.A.M.")
dar, das unter Leitung des Autors am Fraunhofer-Institut für Informa-
tions- und Datenverarbeitung (IITB) entwickelt wurde und heute von der
Robert Bosch GmbH, Bereich Fernsehsysteme, Darmstadt, hergestellt und
vertrieben wird. Wichtige Gesichtspunkte bei der Entwicklung waren,
ein konfigurierbares System zu schaffen, dessen Leistungsfähigkeit an
die Aufgabenstellung anzupassen und das leicht zu bedienen ist. Die
Leistungsfähigkeit von S.A.M. wird an einem Anwendungsfall (Kopplung
mit einem Industrieroboter) deutlich gemacht. In der Zwischenzeit liegen weitere Anwendungsbeispiele (aus den Bereichen der Sichtprüfung,
Prozeß-Steuerung und der Montage) vor.

Dieses Buch beruht auf den Erfahrungen, die ich (als wissenschaftli-
cher Mitarbeiter, Projektleiter und Gruppenleiter) auf den Gebieten
der Bildanalyse, Bildsensoren und Robotertechnologie am Fraunhofer-In-

stitut IITB seit Anfang der 70-er Jahre machen konnte. Diese Erfahrungen sind nicht isoliert entstanden, sondern konnten sich erst durch zahllose Diskussionen mit Kollegen verdichten und artikulieren. An dieser Stelle bin ich zu besonderem Dank verpflichtet: der Institutsleitung des IITB, Herrn Dr. Schief und Prof. Syrbe, sowie deren Vertreter, Dr. Ossenberg und Dr. Steusloff; und den Kollegen Prof. Bretschi, Eisenbarth, Enderle, Dr. Geisselmann, Dr. König, Dr. Paul, Ringshauser, Dr. Zimmermann, sowie vielen anderen Kollegen.

Das in Teil 3 der Arbeit beschriebene System "MODSYS/S.A.M." wurde unter meiner Leitung von C. Eisenbarth, E. Enderle, H. Geisselmann, H. Ringshauser und G. Zimmermann entwickelt. Ihnen danke ich insbesonders für eine hervorragende Teamarbeit, ohne die diese Entwicklung nicht möglich gewesen wäre. In meinen Dank einschließen möchte ich alle Mitarbeiter des IITB (elektronische und mechanische Werkstatt, Zeichenbüro, Fotolabor, Schreibbüro), die ebenfalls direkt zum Gelingen dieser Entwicklung beigetragen haben.

Die Übertragung dieser Arbeit vom Manuskript in die Reinfassung erwies sich als mühselig; mein besonderer Dank für ihre Sorgfalt und Geduld gilt daher Frau Zöller für das Schreiben der Arbeit und Frau Kirchner und Simon für die Erstellung der Abbildungen.

Die Ergebnisse der vorliegenden Arbeit entstanden weitgehend aus Projekten, die mit Mitteln des Bundesministers für Forschung und Technologie (BMFT) gefördert wurden; Teile dieser Arbeit wurden von der Deutschen Forschungsgemeinschaft (DFG) im Rahmen des Schwerpunktes "Funktionen und Zuverlässigkeit produktionstechnischer Systeme" gefördert. Die Verantwortung für den Inhalt dieser Arbeit liegt jedoch allein beim Autor.

Kaiserslautern März 1982   Jörgen P. Foith

Inhaltsverzeichnis

1 Der Einsatz von Bildsensoren für industrielle Anwendungen

In der Entwicklung der Fertigungstechnologie der hochindustrialisier-
ten Länder zeichnen sich seit rund anderthalb Jahrzehnten Strömungen
ab, die weitreichende Konsequenzen haben. Die wichtigsten Strömungen
sind gekennzeichnet durch die angestrebte:

- Humanisierung der Arbeitswelt;
- Erhöhung der Produktqualität;
- Verbesserung der Ausnutzung von Produktionseinrichtungen.

Die direkte Folge dieser Bemühungen ist der intensive Ausbau der
Automatisierung im Fertigungsbereich. In diesem Prozeß hängen die
drei oben genannten Ziele eng miteinander zusammen:

- Eine nur teilweise durchgeführte Automatisierung führt häufig
  zu anspruchslosen Restarbeiten, die durch geistige Unterforde-
  rung bei gleichzeitig hoher körperlicher Belastung gekennzeichnet sind; der Mensch wird total zum "Rädchen" in der Maschine
  degradiert.

- Die hohe Belastung des Menschen (kurze Taktzeichen bei hohem
  Mengendurchfluß) führt zu schwankender Qualität der Produkte.

- Ständig steigende Personalkosten zusammen mit dem Bestreben um
  kürzere - und humanere - Arbeitszeiten verhindern eine wirtschaftliche Ausnutzung von Produktionseinrichtungen.

Insbesondere bei einer nur teilweisen Automatisierung eines Fertigungsprozesses wird der Mensch in erster Linie zum Zu- und Abführen
von Teilen, Be- und Entschicken von Maschinen, dem Kontrollieren von
Arbeitsvorgängen und dem Prüfen der Ergebnisse eingesetzt. Der Grund
hierfür liegt in der Tatsache, daß vorwiegend die hochentwickelten
Sinnesorgane des Menschen - insbesondere sein Sehsinn - für die
Lösung dieser Aufgaben benötigt werden. Von der Realisierung ähnlich

leistungsfähiger technischer Systeme ist man noch weit entfernt. In der Großserienfertigung lohnt sich der entstehende Aufwand, wenn man durch angepaßte Zuführungen und andere Vorrichtungen die Notwendigkeit technischer Sensorsysteme umgeht.

Durch den Trend zu kleineren Serien und Losgrößen in der Fertigung werden allzu spezielle Lösungen immer unwirtschaftlicher, da sie zu hohen Umrüst- und Neben-Zeiten führen. Durch die Einführung von NC- und CNC-Maschinen sowie programmierbaren Handhabungsgeräten (den "Industrie-Robotern") wurde die Flexibilität der Fertigung und der Handhabung wesentlich erhöht. Als eine Folge dieser erhöhten Flexibilität ergibt sich ein dringender Bedarf an technischen Sensorsystemen, die erst eine wirtschaftliche Ausnutzung dieser Flexibilität ermöglichen /Warnecke '80/. Heute geht der Trend zu komplexen Fertigungs- und Handhabungssystemen mit leistungsfähigen Sensoren und Steuerungen, die auch komplizierte Arbeitsvorgänge durchführen können. An derartigen Systemen wird besonders intensiv in Japan und den USA, aber auch in der Bundesrepublik, gearbeitet.

Die hohe Bedeutung von Sensoren in dieser Entwicklung ergibt sich aus den Ergebnissen einer Delphi-Studie über Fertigungs- und Montage-Systeme, die in den letzten Jahren in den USA durchgeführt wurde /Colding u.a. '79/. Die Studie erfaßt sowohl die nahe Zukunft (80-er Jahre) als auch die weitere Zukunft (90-er Jahre). Einige der Vorhersagen bezüglich des Einsatzes von Sensoren besagen:

1982: automatische Überwachung und Ersatz beschädigter Werkzeuge in der Fertigung;

1985: praktische Sensoren für adaptive Steuerung aller gängigen Metallschneidevorgänge;

1987: Ausrüstung von 38 % aller Fertigungssysteme mit diagnostischen Sensoren;

berührungslose Qualitätskontrolle bei 100 %-Prüfung mit Rückkoppelung zum Fertigungsprozeß (dabei wird unter 100 %-Prüfung verstanden, daß alle Teile - nicht nur eine Stichprobe - geprüft werden);

1990: Sensor-gesteuerte Roboter mit menschenähnlichen Montage-Fähigkeiten;

1995: 50 % der direkten Handarbeit bei der Automobil-Endmontage
       ersetzt durch programmierbare Geräte.

Obwohl die zeitlichen Aussagen dieser Studie eher optimistisch er-
scheinen, wird aus diesen wenigen Beispielen deutlich, in welchem
Umfang die Anforderungen steigen, die an Sensoren gestellt werden.
Durch die stürmische Entwicklung auf den Gebieten der Halbleitertech-
nologie und der Mikroelektronik steht heute eine Technologie zur
Verfügung, mit der Systeme realisiert werden können, die diesen
Anforderungen Genüge leisten.

Im ursprünglichen Sinne wurde der Begriff "Sensor" für reine Meßfüh-
ler bzw. Signalwandler verwendet. Mit Sensoren wurden einfache analoge oder binäre Signale gemessen. Eine Signalverarbeitung oder Analyse fand dabei nicht statt. Ein einfaches Beispiel sind etwa Lichtschranken oder Kontakte als Endabschalter. Durch die technologische
Entwicklung stehen heute sowohl geeignete Signalwandler als auch
elektronische Komponenten zur Verfügung, die die Verarbeitung komplexer Informationen ermöglichen. Im folgenden werden Systeme, die
solche Informationen verarbeiten, "intelligente Sensorsysteme" genannt. Diese schließen neben dem Signalaufnehmer und Wandler auch
die informationsverarbeitenden Systemkomponenten mit ein. Im Sprach-
gebrauch hat sich der Begriff der "intelligenten Sensoren" eingebürgert, auch wenn damit das gesamte informationsverarbeitende System
gemeint ist.

Grundsätzlich können für Sensoren alle physikalischen Meßprinzipien
eingesetzt werden: mechanische, elektrische, induktive, kapazitive,
optische, akustische oder pneumatische. Für intelligente Sensorsysteme wurden bisher jedoch vorwiegend optische, akustische oder taktile
Sensoren eingesetzt /Bretschi '79/. Intelligente optische Sensoren
analysieren Informationen von Bildern, die im infraroten, sichtbaren
oder ultravioletten Spektralbereich aufgenommen wurden. Intelligente
Sensorsysteme, die Bildinformation auswerten, werden im folgenden
stets als "Bildsensoren" bezeichnet. Akustische Sensorsysteme werten
Informationen aus Luft- oder Körperschallsignalen aus und werden bei
der Prozeßautomatisierung, der Schadensfrüherkennung, der Güteprü-
fung und der Funktionskontrolle verwendet. Taktile Sensoren messen
Kräfte und Momente oder erfassen Formen. Sie spielen eine wichtige
Rolle bei Füge- und Montagevorgängen.

In der vorliegenden Arbeit werden ausschließlich <u>intelligente Bildsensoren</u> erörtert. In diesem Zusammenhang werden folgende Gesichtspunkte eingehend untersucht:

- Welche Randbedingungen liegen in der Praxis beim Einsatz von Bildsensoren vor?

- Welche Methoden der Bildverarbeitung eignen sich unter diesen Gesichtspunkten für praktische Bildsensoren?

- Welche Rechner- bzw. Hardware-Strukturen erfüllen sowohl die Anforderungen der Praxis als auch die Anforderungen, die von den Methoden der Bildverarbeitung herrühren?

Eine Reihe von Aspekten, die sich in der Erörterung dieser Problemkreise herauskristallisieren, wird anschließend an einem durchgeführten Beispiel eines intelligenten Bildsensorsystems verdeutlicht.

1.1 Aufgaben von Bildsensoren in industriellen Prozessen

Es gibt eine große Vielfalt von <u>Aufgaben</u>, bei denen Bildsensoren in industriellen Prozessen eingesetzt werden können. Diese Aufgaben können nach verschiedenen Gesichtspunkten geordnet werden /Rosen '79/. Die folgende Einteilung entspricht praktischen Erfahrungen.

<u>A1) Sichtprüfung</u>

Sichtprüfung ist eine wesentliche Maßnahme der Qualitätskontrolle. Insbesondere in automatisierten Fertigungsprozessen ist es wichtig, die Qualität der Produkte während der Fertigung zu überwachen. Fehlerhafte Produkte, die unkontrolliert den Fertigungsvorgang durchlaufen, verursachen nicht nur unnötige Kosten, sondern können auch zu Beschädigungen an Werkzeugen und Maschinen führen. Bei Arbeitsvorgängen, bei denen der Mensch beteiligt ist, ist diese Gefahr wesentlich geringer, da der Mensch häufig eine 'implizite Sichtprüfung' vornimmt: Bei der Handhabung von Werkstücken können fehlerhafte Stücke selbst bei einer nur oberflächlichen Betrachtung aussortiert werden. Bei der Automatisierung von Arbeitsplätzen ist es deshalb wichtig, durch eine Arbeitsplatzanalyse festzustellen, welche Rolle die implizite Sichtprüfung an diesem Platz spielt. Daneben gibt es eine Vielzahl von Arbeitsplätzen, an denen eine 'explizite Sichtprüfung' stattfindet. Hierbei fallen sowohl qualitative als auch quantitative Aufgaben an. Beide Arten der Sichtprüfung bieten sich für eine Automatisierung an: Es handelt sich um eine äußerst monotone, anstrengende Tätigkeit, bei der der Mensch leicht ermüdet und Fehler macht. Insbesondere bei quantitativen Aufgaben ist die Maschine dem Menschen überlegen. Ein zusätzliches Argument für die Automatisierung von Sichtprüfaufgaben liefert die Tatsache, daß eine Dokumentation der Prüfergebnisse besonders einfach wird. Aus der Analyse gesammelter Prüfdaten lassen sich Rückschlüsse auf die Güte des Fertigungsvorganges ziehen, die letztlich zu einer Verbesserung der Produktqualität und der Wirtschaftlichkeit des Produktionsprozesses führen können. Der Aufwand der Handhabung der Werkstücke hält sich in der Regel in Grenzen: Die Werkstücke müssen dem Prüfsystem isoliert und definiert zugeführt und nach der Prüfung verschiedenen Kanälen zugeordnet werden. Die erforderliche Genauigkeit der Zuführung hängt unter anderem von der Leistungsfähigkeit des Bildsensors ab; bei leistungsfähigen Systemen kann die Zuführung relativ ungenau sein. Ist umgekehrt die Zuführung sehr genau, kann das Bildsensorsystem einfacher gestaltet werden. (Der Zusammenhang des Aufwandes für Bildsensoren und die mechanische Peripherie wird in Abschnitt 1.2 ausführlicher behandelt.) Es ist zu erwarten, daß die Sichtprüfung der wichtigste Anwendungsbereich für Bildsensoren wird.

A2) Handhabung von Werkstücken

Die Entwicklung von intelligenten Bildsensoren hat ihren Ursprung im Bereich der Handhabung von Werkstücken: Im Verlauf der Entwicklung von Industrierobotern wurde bald deutlich, daß die "blinden" Roboter dringend mit Bildsensoren ausgerüstet werden müssen. Erst später wurde deutlich, daß im Bereich der Sichtprüfung ein weitaus größerer Aufgabenbereich für Bildsensoren vorliegt. Die Handhabung von Werkstücken ist notwendig bei der Vorbereitung zum Transport; beim Laden und Entladen von Maschinen, Behältern, Paletten, Magazinen usw.; bei der Montage und beim Sortieren. Der Einsatz von Bildsensoren in diesem Anwendungsbereich hängt direkt vom Einsatz von Industrierobotern ab. Trotz vieler Vorhersagen hat die lang erwartete 'Roboter-Revolution' bisher nicht stattgefunden. Dies hat eine Reihe von

Gründen: Es gibt andere Möglichkeiten der Automatisierung; scheinbar "einfache" Handhabungsaufgaben haben sich als schwieriger erwiesen als erwartet; die Kosten bei Einführung von Industrierobotern sind heute noch relativ hoch; die Leistungsfähigkeit heutiger Roboter reicht nicht immer zur Lösung der geforderten Aufgaben aus (insbesondere fehlen häufig leistungsfähige Sensoren!) /Foith '81/. Allerdings mehren sich die Anzeichen dafür, daß Industrieroboter drastisch an Bedeutung gewinnen. Damit ist zu erwarten, daß auch die Bedeutung von Bildsensoren in diesem Bereich stark zunehmen wird.

A3) Steuerung und Regelung von Maschinen und Prozessen

Dieser Anwendungsbereich hat bisher wenig Beachtung gefunden, mit zunehmender Automatisierung ist jedoch zu erwarten, daß Bildsensoren auch hier an Bedeutung gewinnen. Beispiele sind die Steuerung von Schraubendrehern in Montageaufgaben (Werkzeugsteuerung), die Steuerung oder Regelung von Schneidemaschinen (Maschinenregelung) oder die Regelung von Schweißprozessoren aus der Beobachtung des Schweißbades (Prozeßregelung). Dieser Aufgabenbereich stellt extreme Anforderungen an die Leistungsfähigkeit von Bildsensoren. Mit zunehmender Leistungsfähigkeit kann eine weite Verbreitung von Bildsensoren in diesem Anwendungsbereich erwartet werden.

A4) Überwachung von Maschinen und Arbeitsräumen

Die Überwachung von Maschinen und Arbeitsräumen stellt eine wichtige Sicherheitsmaßnahme dar. Ein Beispiel ist die Überwachung des Arbeitsraumes eines Industrieroboters: Die Bestimmung plötzlich auftretender Hindernisse im Greifbereich kann zur Vermeidung von Unfällen oder Beschädigungen führen. Ein anderes Beispiel ist die Überwachung von Schneidewerkzeugen aus Keramik, die plötzlich brechen können und zu fehlerhaften Produkten führen. Trotz der Bedeutung von Sicherheitsmaßnahmen ist zu erwarten, daß dieser Anwendungsbereich eine vergleichsweise geringere Rolle beim Einsatz von Bildsensoren spielen wird.

Innerhalb der Vielfalt praktischer Anwendungen für Bildsensoren treten in allen genannten Anwendungsbereichen ähnliche Probleme auf, die bestimmte Funktionen von Bildsensoren erforderlich machen. Diese Funktionen lassen sich in folgende Klassen einteilen:

F1) Die Bestimmung von Anwesenheit oder Vollständigkeit;
F2) die Vermessung von Positionen und Ausmaßen;
F3) die Bestimmung von Formen;
F4) die Bestimmung von Oberflächeneigenschaften.

Im folgenden werden diese Funktionen und ihr Bezug zu Anwendungen besprochen.

F1) <u>Prüfung auf Anwesenheit und Vollständigkeit</u>

Bei der Prüfung auf Anwesenheit ist festzustellen, ob (Bild 1.1-1):

- Teile an vorgegebenen Stellen liegen;
- Verarbeitungsschritte stattgefunden haben;
- vorgeschriebene Markierungen vorhanden sind;
- Fehler vorliegen.

Beispiele für Anwendungen sind: die Ansteuerung eines Pick-&-Place-Roboters (dies sind Handhabungsgeräte, die auf fest vorgegebene Stellen zugreifen); Prüfung auf Anwesenheit von Sicherheitsteilen (Sprengringe, Manschetten, Bolzen, etc.); die Entdeckung von Hindernissen im Bewegungsraum eines Industrieroboters.

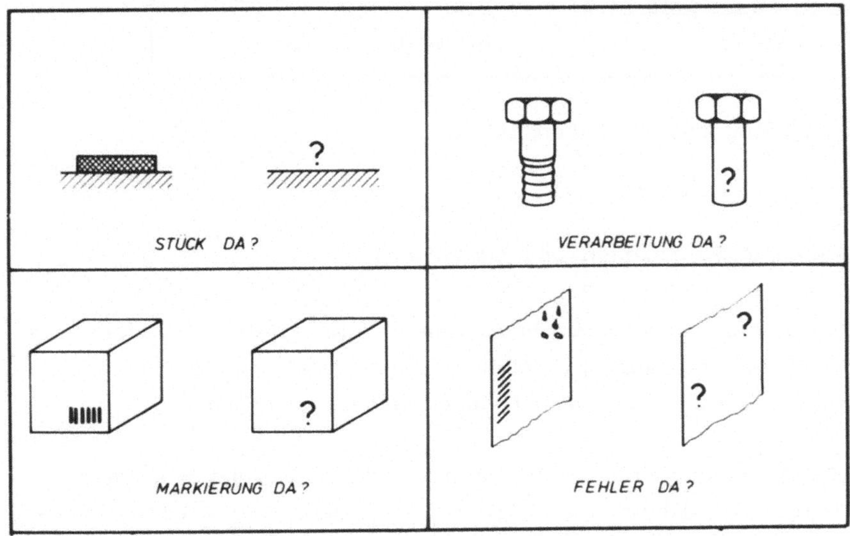

Bild 1.1-1: Prüfung auf Anwesenheit

Bei der Prüfung auf Vollständigkeit ist festzustellen, ob (Bild 1.1-2):

- alle Teile vorhanden sind;
- Teile vollständig sind;
- alle Teile in der richtigen Lage zueinander liegen.

Beispiele für Anwendungen sind: Prüfen von zusammengesetzten Teilen, Aggregaten usw.; Prüfen von Kunststoffteilen beim Spritzgußgießen; Prüfen von Gußteilen; Prüfen von gedruckten Schaltungen oder der Bestückung von Schaltungen.

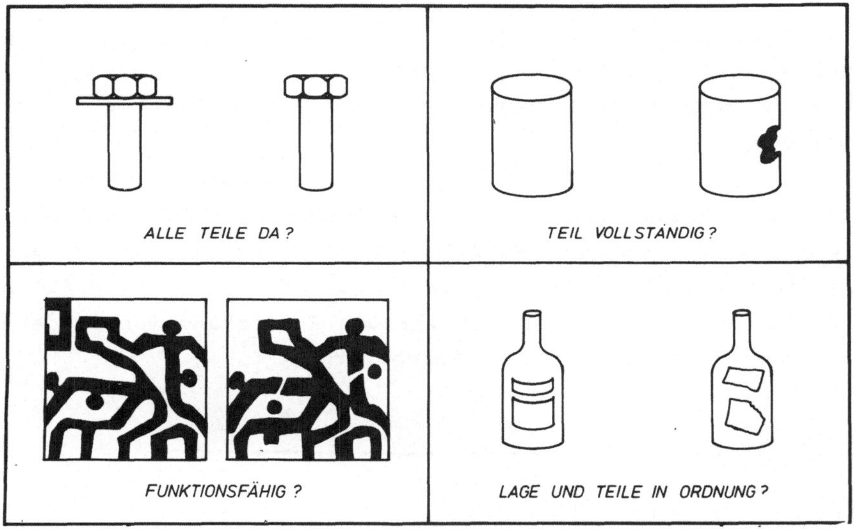

Bild 1.1-2: Prüfung auf Vollständigkeit

F2) Vermessung von Positionen und Ausmaßen

Bei der Vermessung von Positionen können zum einen Positionen von Werkstücken (Lage in der Bildebene), zum anderen Zielpositionen (Löcher, Bolzen, etc.) für Fügevorgänge bestimmt werden.

Beispiele für Anwendungen sind Vorgänge der Handhabung wie Weitergeben, Magazinieren, Ordnen, Sortieren, Einlegen, Montieren, Fügen, Bonden, Schweißen usw. Bild 1.1-3 verdeutlicht einige dieser Beispiele.

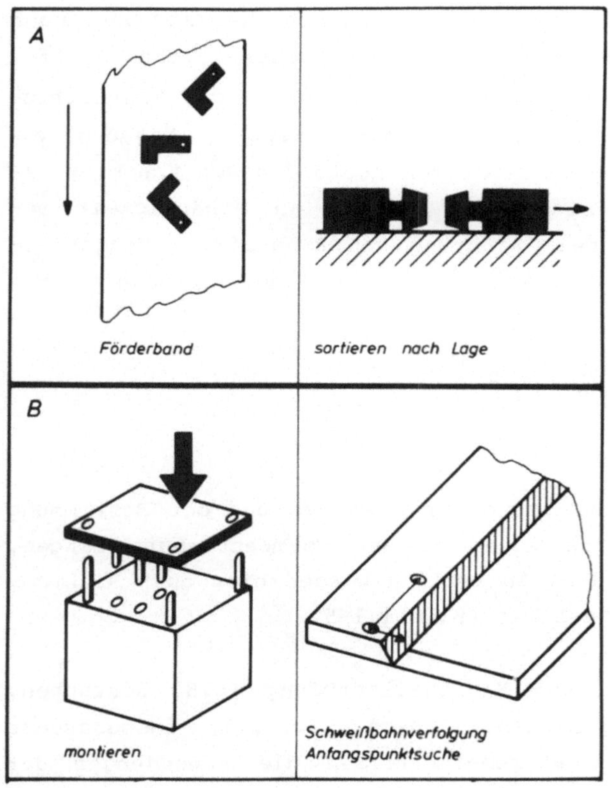

Bild 1.1-3: Vermessungen von Lage, Richtungen und Zielpositionen

Beim Vermessen von Ausmaßen können Längen, Abstände, Flächen und Volumen (näherungsweise) bestimmt werden (Bild 1.1-4).

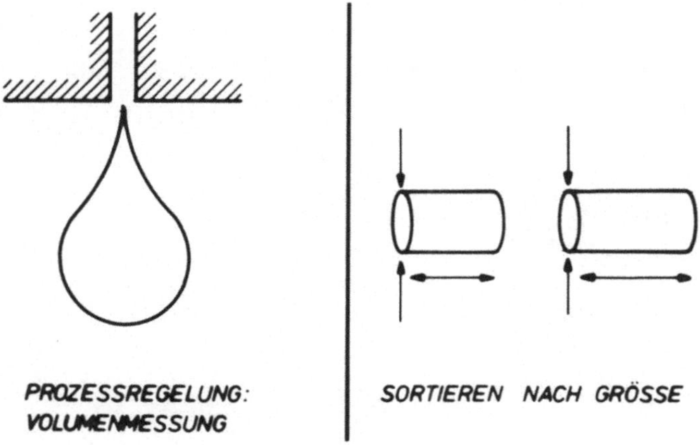

Bild 1.1-4: Vermessen von Ausmaßen

Beispiele für Anwendungen sind: Sortieren von Werkstücken nach Längen, Flächen oder Volumen; Messen von Breiten (von Stoff-, Metall-, Kunststoff- oder Papierbahnen) zur Regelung der Rohstoffzuführung oder zum Einstellen von Schneidewerkzeugen; Messung von Kabeldicken und Querschnitten; Messen von Abständen von Schneidwerkzeugen; Steuerung von Schneiden und Stanzen in Abhängigkeit von Flächen; Mengenmessung bei der Zuführung von Rohstoffen; Mengenmessung von Schüttgut auf Förderbändern; Prüfen von Füllständen von Behältern.

F3) Bestimmung von Formen

Die Grenzen zwischen der Vermessung von Ausmaßen und der Bestimmung von Formen sind fließend, da auch bei der Formbestimmung Längen, Abstände usw. berechnet werden. Zusätzlich werden hier auch Richtungen, Steigungen und Winkel bestimmt (Bild 1.1-5).

Beispiele für Anwendungen sind: Kleinteileprüfung (z.B. Schrauben, Schalterkontakte, Keramikplättchen, Federn, ...), insbesondere bei der 100%-Prüfung; ganz allgemein liegen die Anwendungen der Formbestimmung im Bereich der Sichtprüfung.

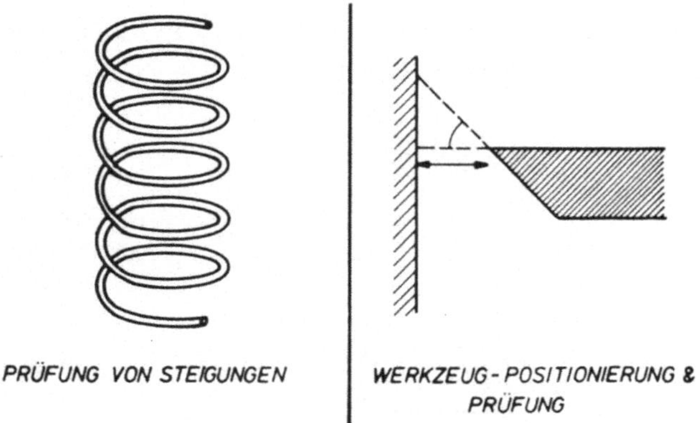

Bild 1.1-5: Bestimmung von Formen

F4) Bestimmung von Oberflächeneigenschaften

Bei der Bestimmung von Oberflächeneigenschaften sind Parameter wie
Gleichmäßigkeit, Rauhigkeit, Welligkeit, Körnigkeit, Maserung,
Löcher, Risse, Kratzer, Flecken, Rost usw. zu ermitteln. Die Erfassung dieser Eigenschaften mit Bildsensoren läßt sich häufig mit
Hilfe von problemangepaßten Beleuchtungseinrichtungen realisieren
(siehe Abschnitt 1.2).

Beispiele für Anwendungen sind: Prüfung von Metalloberflächen
(Bleche, polierte Wellen, Walzgut, Zylinderbohrungen, ...); Prüfung
von Lacken, Folien, Glas, Keramik, Textilien; Prüfung transparenter
Stoffe und Behälter (Flaschen, Ampullen, ...) auf Sauberkeit, Schwebstoffe oder Einschlüsse (Bild 1.1-6).

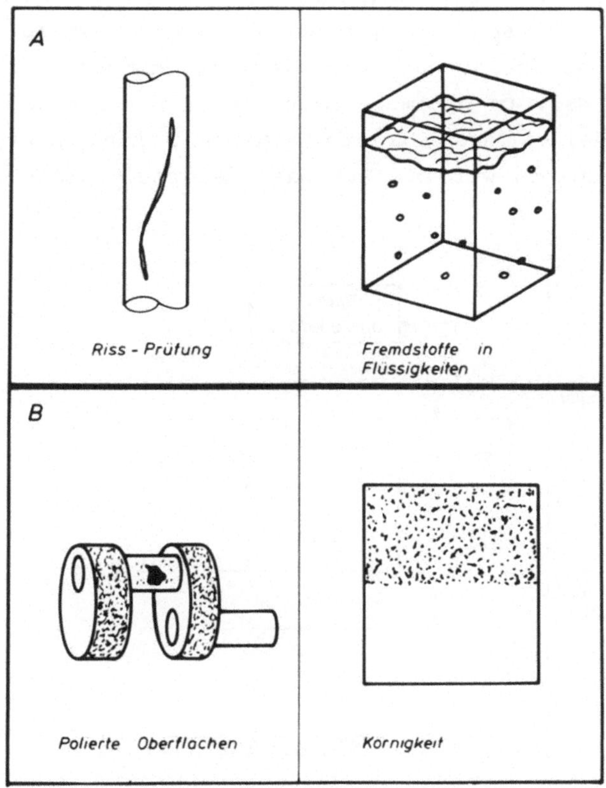

Bild 1.1-6: Bestimmung von Oberflächeneigenschaften

1.2 Randbedingungen beim Einsatz von Bildsensoren

Beim praktischen Einsatz von Bildsensoren ist es notwendig, die gesamte Umgebung des Sensors in die Problemlösung miteinzubeziehen. Gegebenenfalls muß diese Umgebung so gestaltet werden, daß sich optimale Einsatzbedingungen ergeben. Bei dieser Gestaltung der Umgebung sind folgende Komponenten zu beachten (Bild 1.2-1):

R1) Geometrie des Aufbaus;

R2) Ordnungsgrad der Werkstücklagen;

R3) Beleuchtungseinrichtungen;

R4) Bildwandler;

R5) Architektur des Bildsensorsystems;

R6) Auswertung der Sensorergebnisse;

R7) Transport- und Handhabungsvorrichtungen.

Es ist wichtig zu beachten, daß der Aufwand, den man bei einer dieser Komponenten treibt, in der Regel den Aufwand für die anderen Komponenten beeinflußt. Für die Bestimmung einer optimalen und kostengünstigen Lösung muß daher der Aufwand der einzelnen Komponenten gegeneinander aufgewogen werden. Da optimale Lösungen sehr stark von den Gegebenheiten des einzelnen Einsatzortes abhängen, kann hier keine allgemeine Lösung angegeben werden. Ein paar Beispiele können

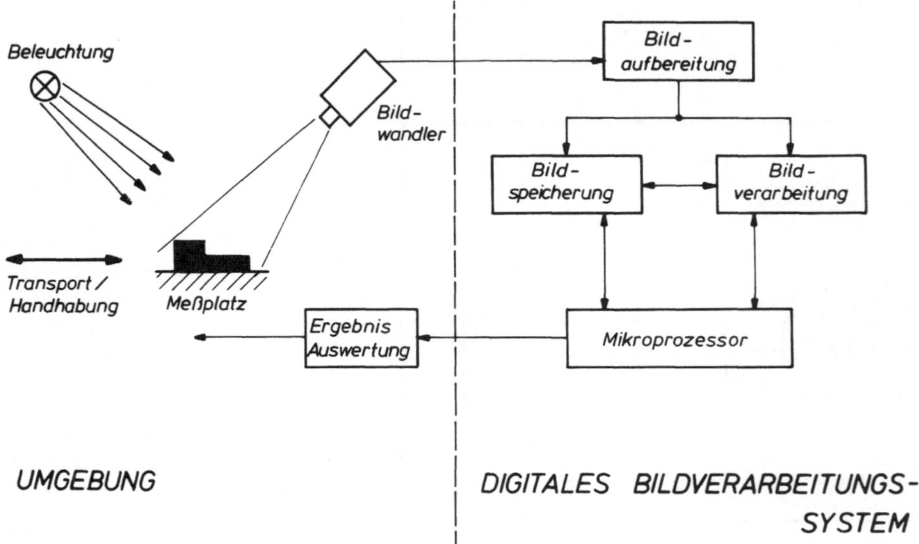

Bild 1.2-1: Aufbau und Umgebung eines Bildsensors

jedoch diesen Punkt verdeutlichen. So kann zum Beispiel eine aufwendige Beleuchtungseinrichtung den Aufwand für die Bildverarbeitung und Analyse stark reduzieren, wenn durch diese Beleuchtung die Qualität der Bilder verbessert wird. Da der Aufwand für eine besondere Beleuchtung um Größenordnungen unter dem Aufwand für Bildsensoren liegt, kann eine solche Maßnahme zu wesentlich geringeren Kosten führen. Die geschickte Gestaltung der Transporteinrichtung kann die Wahl des Bildwandlers beeinflussen: Wenn die Werkstücke durch das Blickfeld des Sensors verschoben werden, kann eine Diodenzeile statt einer zwei-dimensionalen Kamera eingesetzt werden. Dies ermöglicht gleichzeitig eine höhere Bildauflösung, die einer der großen Vorteile von Diodenzeilen sind. (Allerdings müssen Transporteinrichtung und Kamera miteinander synchronisiert werden.) Ein weiteres Beispiel ist die Einschränkung der Freiheitsgrade der Werkstücke durch die Zuführungseinrichtungen. Dadurch wird die Komplexität der zu analysierenden Szenen wesentlich reduziert; als Folge kann der Aufwand beim Bildsensorsystem gesenkt werden.

R.1) Geometrie des Aufbaus

Die geometrische Anordnung des Aufbaues wird im wesentlichen von der Lage von Kamera, Beleuchtung und Werkstücken zueinander bestimmt. Im Prinzip können folgende Parameter variiert werden:

- der Winkel zwischen optischer Achse und Rotationsachse der Objekte;
- der Abstand zwischen der Kamera und den Objekten;
- Installation der Kamera: fest oder variabel auf dem Roboterarm.

Falls die Kamera auf dem Roboterarm montiert ist, ändern sich ständig Abstand und Winkel zwischen der Kamera und den Objekten. Dies macht eine Umrechnung der Abbildungsverhältnisse während der Bewegung des Roboterarmes notwendig; eine Maßnahme, die sehr viele Umstände machen kann. Es erscheint daher ratsam, die Kamera fest zu installieren. Allerdings gibt es Fälle, in denen die Kamera tatsächlich auf dem Manipulator montiert sein muß; ein Beispiel ist eine Füge-Aufgabe, bei der ein Bildsensor für die Ansteuerung der Zielposition verwendet wird.

Bezüglich Achswinkel und Kamera-Abstand erscheint frür die Praxis die Wahl folgender Parameterwerte ratsam /Geisselmann '81/:

Die optische Achse der Kamera und die Rotationsachse der Objekte sollten möglichst zusammenfallen. Dabei setzt man allerdings voraus, daß nur eine einzige Rotationsachse gegeben ist; dies trifft dann zu, wenn die Werkstücke auf einer Unterlage (Tisch, Förderband, usw.) liegen. Außerdem sollte die Kamera möglichst weit entfernt von den Objekten sein. Konkret bedeutet dies, daß die Kamera am besten an der Decke der Werkshalle senkrecht zur Auflagefläche der Werkstükke angebracht wird.

Die Wahl dieser Parameter hat folgende Gründe. Wenn die Beobachtungsachse und die Rotationsachse zusammenfallen, bleibt die beobachtete Form einer Werkstück-Silhouette bei Drehungen in der Auflageebene erhalten. Es reicht dann aus, diejenigen Formen zu speichern, die den wenigen stabilen Lagen der Werkstücke in der Auflageebene entsprechen. Ist dies nicht der Fall, so führt eine Drehung der Werkstücke zu einer Vielzahl beobachteter Formen. Damit werden die Speicherung von Modelen und die Wiedererkennung der Werkstücke wesentlich komplizierter. Ein ähnliches Argument gilt für die Wahl eines möglichst großen Kamera-Abstandes: Wenn dieser Abstand zu gering gewählt wird, dann führen verschiedene Lagen der Werkstücke im Bildfeld zu verschiedenen Aspektwinkeln, die wiederum die Veränderung der Werkstückform zur Folge haben. Durch den weiten Abstand von Kamera und Objekten werden diese allerdings nur klein abgebildet. Dies kann durch den Einsatz von Objektiven mit langen Brennweiten ausgeglichen werden.

R2) Ordnungsgrad von Werkstücklagen

Der Ordnungsgrad der erlaubten Werkstücklagen ist ein wesentlicher Faktor für den notwendigen Aufwand bei der Automatisierung eines Arbeitsplatzes. Hierbei kommen zwei gegenläufige Faktoren zum Tragen: Je besser geordnet die Werkstücke vorliegen, desto einfacher kann das Bildsensor-System gestaltet werden. Dafür muß aber ein höherer Aufwand für die Herstellung der Ordnung mit Hilfe von mechanischen Einrichtungen getrieben werden. Läßt man umgekehrt Unordnung zwischen den Werkstücken zu, so verringert sich zum einen der mechanische Aufwand; zum anderen steigen die Anforderungen an die Leistungsfähigkeit des Bildsensors. Hier ist es besonders wichtig, einen geeigneten Kompromiß zu finden.

Ordnung zwischen Werkstücken ist in der Regel teuer, und zwar sowohl in ihrer Herstellung als auch in der Aufrechterhaltung. Meist müssen spezielle Transport- und Lager-Einrichtungen (z.B. Paletten, Magazine usw.) eingesetzt werden. Da der Mensch völlig problemlos ungeordnete Teile aus einer Kiste entnehmen kann, wird in vielen Bereichen der heutigen Fertigung auf die Erstellung und Aufrechterhaltung von Ordnung verzichtet. Häufig dienen (halb-)offene Kisten als Bunker bei der Lagerung und als Behälter beim Transport zwischen den Arbeitsstationen. Obwohl experimentelle Lösungen für Sonderfälle existieren (/Kelley et al. '79/, /Geisselmann '80/), muß der "Griff in die Kiste" heute in seiner allgemeinen Form als ein ungelöstes Problem betrachtet werden.

Beim Herstellen von Ordnung von Werkstücken sind zwei Maßnahmen zu beachten: 1) zum einen müssen die Teile voneinander getrennt ("vereinzelt") werden; 2) zum anderen muß für ein vereinzeltes Teil eine Einschränkung seiner erlaubten Drehlagen im Raum erfolgen. Beide Maßnahmen zusammen bestimmen die Komplexität der Szene, die der Bildsensor analysieren muß. Bild 1.2-2 zeigt verschiedene Stufen der Komplexität von Szenen.

Die höchste Komplexität liegt bei völlig ungeordneten Teilen vor (Bild 1.2-2a), z.B. bei Teilen in einer Kiste. Hier können Werkstücke andere Teile verdecken, und alle Teile können beliebige Lagen im

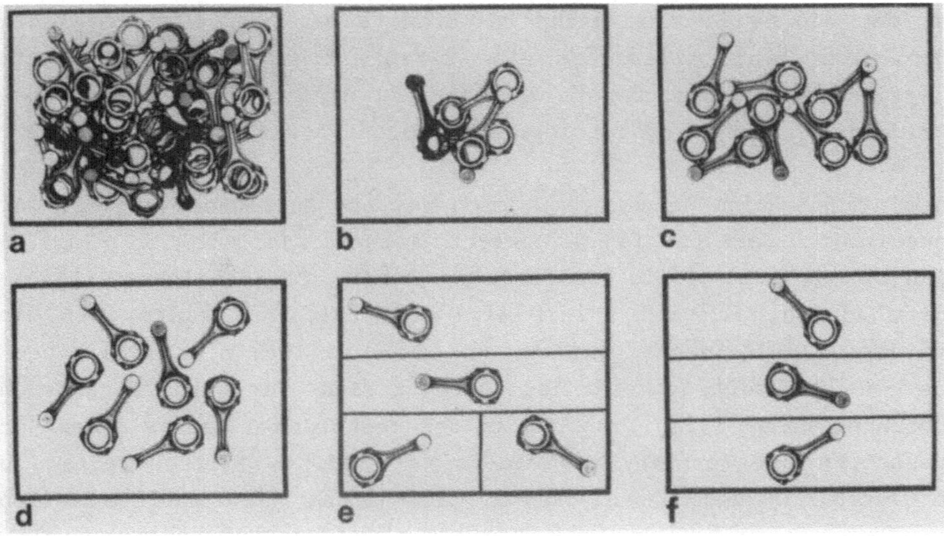

Bild 1.2-2: Ordnungsgrad von Werkstücken

Raum annehmen. Von einer praktischen Lösung für die Bildanalyse solcher Szenen ist man noch weit entfernt. Die Komplexität verringert sich etwas beim nächsten Fall (Bild 1.2-2b). Hier werden wesentlich weniger Teile zugelassen, und diese liegen "dünn" auf einer Auflage. Die Teile können sich zwar überlappen, sie nehmen aber nicht mehr alle möglichen Lagen im Raum an. Das Bildsensor-System muß zwar mit nur teilweise sichtbaren Werkstücken fertig werden, dafür ist die Formvielfalt gegenüber dem "Griff in die Kiste" stark eingeschränkt. Erste Ansätze für die Erkennung überlappender Werkstücke liegen vor (z.B. /Perkins '77, /Tropf '81/), und es wird weltweit an der Lösung dieses Problems gearbeitet. Die vorliegenden Lösungen sind allerdings noch nicht für den praktischen Einsatz geeignet. Sie funktionieren nicht mit genügender Zuverlässigkeit und erfordern hohe Computer-Kapazität mit langen Rechenzeiten.

Wenn man als weitere Einschränkung fordert, daß die Teile sich nicht überlappen, so erhält man Szenen einer Komplexität, wie sie in Bild 1.2-2c gezeigt ist. In diesem Fall reduzieren sich die möglichen Lagen der Werkstücke auf ihre stabilen Lagen auf einer Unterlage. Außerdem sind die Werkstücke vollständig sichtbar. Derartige Szenen stellen die Grenzlinie für den Einsatz bestehender, für die Praxis geeigneter Bildsensoren dar. Die Analyse solcher Szenen ist "meistens" möglich, es können jedoch Fälle auftreten, in denen der Erkennungsalgorithmus versagt. Im Gegensatz dazu können Szenen wie in Bild 1.2-2d heute zuverlässig analysiert werden. Hier wird gefordert, daß die Teile sich nicht berühren; sonst können sie beliebig liegen. Dies setzt allerdings eine relativ hohe Leistungsfähigkeit des Bildsensors voraus. Das im dritten Teil dieser Arbeit beschriebene Bildsensor-System verfügt über eine solche Leistungsfähigkeit.

Noch einfacher sind Szenen, bei denen weitere Auflagen bezüglich der gegenseitigen Werkstücklagen gemacht werden. In Bild 1.2-2e ist verlangt, daß die Teile isoliert in einem rechteckigen Bildausschnitt liegen; in Bild 1.2-2f wird zusätzlich gefordert, daß die Werkstücke hintereinander liegen, und zwar so, daß sie durch mindestens eine Bildzeile voneinander getrennt sind. Diese beiden letzten Forderungen haben ihren Ursprung in der technischen Realisierung von Bildsensoren mit Fernseh-Kameras. Es ist leicht, Fernseh-Zeilen zu detektieren, in denen kein Objekt geschnitten wird. Solche Zeilen können benutzt werden, um eine Segmentation des Bildes vorzunehmen. Außerdem kann auf die Bestimmung des Zusammenhangs verzichtet werden (siehe Kapitel 2. für eine ausführliche Erörterung dieser Probleme).

Noch stärkere Einschränkungen sind: 1) die Forderung, daß nur ein einziges Werkstück im Bildfeld liegt; 2) die Einschränkung des Drehfreiheitsgrades in der Bildebene, z.B. indem das Werkstück gegen einen Anschlag gepreßt wird, so daß es nur wenige, diskrete Drehlagen annehmen kann. Derartige Einschränkungen führen zu sehr einfachen Bildsensoren. Allerdings ist der mechanische Aufwand für das Bereitstellen der isolierten Werkstücke sehr hoch. In vielen Fällen kann dann durch geringen mechanischen Mehraufwand ganz auf den Einsatz eines Bildsensors verzichtet werden.

Insgesamt wird aus dem bisher Gesagten deutlich, wie stark der Aufwand für den Bildsensor und der Aufwand für die mechanische Peripherie zusammenhängen. Es ist bereits erwähnt worden, wie wichtig es ist, hier einen kostengünstigen Kompromiß zu finden. Bei einer Bewertung von Lösungen muß neben dem technischen Aufwand auch der Durchsatz beachtet werden, den eine Systemlösung erbringen kann. Je enger die Einschränkungen für die Lage von Werkstücken sind, desto geringer wird auch der Durchsatz, der erreicht werden kann. Dies wird durch Erfahrungsberichte über Experimente bestätigt, bei denen der Einsatz eines Bildsensors für die Erkennung von streng hintereinander liegenden Teilen erprobt wurde. Ein weiterer Nachteil von strengen Einschränkungen an die Werkstücklagen liegt darin, daß die Anforderungen an die mechanischen Vereinzelungsvorrichtungen stark ansteigen. Dies erfordert häufig sehr spezielle Lösungen, die wenig flexibel sind und Umrüstungen umständlich oder unmöglich machen. Es ist ein Vorzug von Bildsensoren gegenüber mechanischen Systemen, eine weitaus höhere Flexibilität zu bieten. Ganz allgemein kann gesagt werden, daß in vielen Fällen der gesuchte Kompromiß bei Szenen liegt, wie sie in Bild 1.2-2c und d gegeben sind. Hier sind vertretbarer mechanischer Aufwand und hoher Durchsatz gegeben, und heutige praktische Bildsensoren sind in der Lage, solche Szenen zu analysieren. Damit sind diese Fälle für die Praxis am wichtigsten.

R3) <u>Beleuchtungsmaßnahmen</u>

Beleuchtungsmaßnahmen stellen eine wesentliche Hilfe beim Einsatz von Bildsensoren dar und können oft der Schlüssel zu einem erfolgreichen Einsatz sein. Künstliche Beleuchtungen dienen zwei Zwecken: Sie garantieren zum einen die Reproduzierbarkeit der Bilder, und sie heben zum anderen bestimmte Eigenschaften in den Bildern hervor, die

die Bildanalyse erleichtern. Die Reproduzierbarkeit ist wichtig, weil sie eine zuverlässige - und relativ einfache - Bildanalyse gewährleistet; die Hervorhebung gewisser Bildeigenschaften macht in einigen Fällen erst den Einsatz eines Bildsensors möglich. So können z.B. Oberflächenstrukturen (Rillen, Kratzer, usw.) durch ihr Reflektionsverhalten detektierbar gemacht werden (bei Einsatz einer gerichteten Beleuchtungsquelle). Allgemein kann gesagt werden: Der Aufwand, den man in künstliche, problemangepaßte Beleuchtungsvorrichtungen zu stecken hat, hält sich in Grenzen, kann aber zu deutlichen Verbesserungen der Systemlösung führen. Entweder reduziert sich der Aufwand für den Bildsensor, oder die Bildanalyse wird durch die Beleuchtung zuverlässig.

Prinzipiell gibt es folgende Möglichkeiten für Beleuchtungsmaßnahmen (vgl. Bild 1.2-3):

- Durchlicht
- Auflicht (diffus)
- Auflicht (gerichtet mit Hellfeld- oder Dunkelfeld-Beobachtung)
- Blitzlicht (für alle drei oben genannten Beleuchtungsarten)
- Lichtschnitt.

Jede dieser Beleuchtungsmaßnahmen hat ihren speziellen Anwendungsbereich.

Durchlicht war am Anfang der Entwicklung von praktischen Bildsensoren die häufigste Beleuchtungsmaßnahme. Durchlichtbeleuchtung setzt einen transparenten Untergrund voraus. Diese Tatsache war lange Zeit Anlaß von Kritik und Skeptizismus; hierin mag einer der Gründe für den zögernden Einsatz von Bildsensoren in der Praxis liegen. Argumente, die typischerweise gegen den Einsatz von Durchlicht vorgebracht werden, heben hervor, daß die Bildqualität bei längerem Einsatz unter Verschmutzung oder Beschädigung (Kratzer usw.) der transparenten Unterlage leiden wird. Nach den bisher gemachten Erfahrungen trifft dies - wenn überhaupt - nur bedingt zu und kann durch regelmäßiges Auswechseln einer (billigen) Unterlage behoben werden. Durchlicht führt in der Regel zu exakt reproduzierbaren Bildern von Werkstücken, weil diese vollständig als Silhouette abgebildet werden. Es ist häufig, trotz aller Kritik, eine brauchbare Maßnahme, weil es direkt zur Binarisierung von Bildern führt (vgl. Abschnitt 2.).

Auflicht ist für die Praxis eine besonders wichtige Beleuchtungsmaßnahme. Während bei Durchlichtbeleuchtung lediglich die Silhouette
eines Werkstückes extrahiert werden kann, ist es bei der Verwendung
von Auflicht möglich, Oberflächenstrukturen der Werkstücke hervorzuheben und damit extrahierbar zu machen. Es ist offensichtlich, daß
das Reflexionsverhalten der Objekte von folgenden Parametern abhängt: 1) Oberflächenbeschaffenheit der Werkstücke, 2) dreidimensionale Struktur der Werkstücke, 3) Einfallswinkel des Lichtes und 4)
relative Position der Kamera. Oberflächenbeschaffenheit und dreidi-

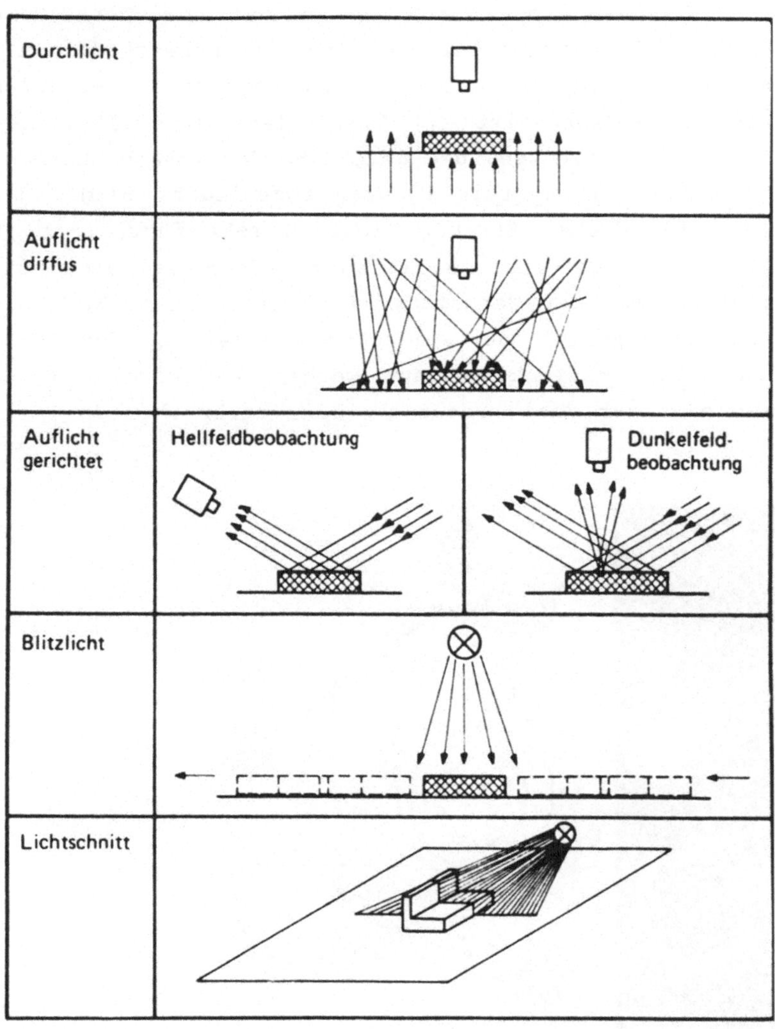

Bild 1.2-3: Beleuchtungsmaßnahmen

mensionale Struktur der Werkstücke sind vorgegeben; man kann jedoch den Einfallswinkel des Lichtes und die relative Position der Kamera variieren. Bezüglich des Einfallswinkels hat man zwei Möglichkeiten: Entweder man wählt eine diffuse (meist großflächige) Beleuchtung oder man wählt gerichtetes Licht, das in einem bestimmten Winkel auf die Werkstückoberfläche fällt.

Durch _diffuses_ Auflicht erzielt man eine gleichmäßige Beleuchtung, so daß Drehungen und Verschiebungen der Werkstücke in der Auflageebene nicht zu Änderungen des Reflexionsverhaltens führen. Trotz der Reproduzierbarkeit der Bilder unterscheiden sich diese deutlich von Bildern, die man bei Einsatz von Durchlicht erhält: Die Werkstücke reflektieren das Licht in Abhängigkeit von Oberflächenbeschaffenheit und Orientierung der Oberflächen. Bei Binarisierung der Bilder durch einen Schwellwert (siehe Abschnitt 2.) "zerfallen" die Silhouetten der Werkstücke in mehrere Flecken, die untereinander zusammenhängen. Damit wird _ein_ Werkstück in _mehrere_ Figuren abgebildet. Bild 1.2-4 zeigt ein Beispiel für diesen Effekt. Dieser Effekt führt zwar zu erhöhtem Aufwand bei der Bildanalyse, erlaubt jedoch zum einen die Analyse von Teilstrukturen der Werkstücke (bei geschickter Wahl des Schwellwertes) und unterstützt zum anderen die Erkennung der Werkstücke. So können z.B. Werkstücke erkannt werden, die sich in ihren Silhouetten nicht oder nur wenig unterscheiden, dafür aber in Teil-

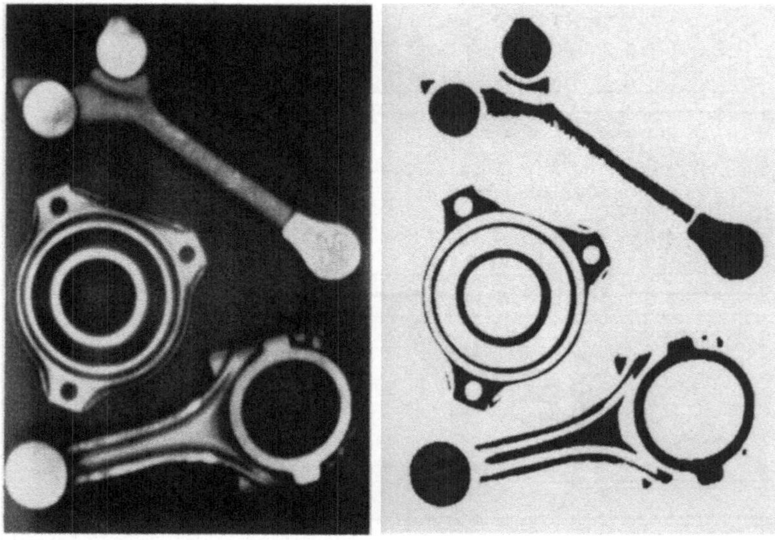

Bild 1.2-4: Grauwertbild und Binärbild bei Auflicht

strukturen, die der Kamera zugewandt sind. Dieser Fall tritt tatsächlich recht häufig auf, nämlich bei der Erkennung von Werkstücken in einer "Bauchlage" und einer "Rückenlage". Diese beiden Lagen können aus der Form ihrer Silhouetten nur selten unterschieden werden; mit Hilfe von Auflicht ist dies in der Regel jedoch kein Problem.

Problematisch dagegen kann bei der Verwendung von Auflicht die Verschmutzung der Werkstücke sein, da sich dadurch das Reflexionsverhalten ändert. Verschmutzungen können von Rost, Öl, Spänen, Schleifspuren usw. herrühren. Bisherige Erfahrungen zeigen allerdings, daß solche Verschmutzungen kein ernsthaftes Problem darstellen, weil Werkstücke in modernen Fertigungsbetrieben relativ schnell von Arbeitsplatz zu Arbeitsplatz transportiert werden. Nur dort, wo Werkstücke über lange Zeiträume zwischengelagert werden und damit Verschmutzungen ausgesetzt sind, kann der Einsatz von Bildsensoren zusammen mit Auflicht problematisch werden, da die Verschmutzungen zu starken Bildstörungen führen können.

Während diffuse Auflichtbeleuchtung vor allem in der Werkstückerkennung ihre Anwendung findet, dient <u>gerichtetes</u> Auflicht vor allem der Sichtprüfung. Hier will man häufig Oberflächenbeschaffenheit prüfen, z.B. Rauhigkeit, Schleifspuren einer bestimmten Richtung usw. In solchen Fällen kann aus dem Reflexionsverhalten gegenüber gerichtetem Licht auf die Struktur von Oberflächen geschlossen werden. So führt beispielsweise eine schräge Beleuchtung quer zu Schleifspuren zu einer hellen Reflexion, die leicht detektiert werden kann. Bei der Verwendung solcher gerichteter Lichtquellen kann der Einfallswinkel zu einem kritischen Parameter werden. Dies hängt unter anderem von der Feinheit der Oberflächenstruktur und der Positionierung der Werkstücke gegenüber Kamera und Beleuchtung ab. Bezüglich der Kamera-Positionierung hat man die Wahl zwischen einer <u>Hellfeldbeobachtung</u> und einer <u>Dunkelfeldbeobachtung</u>. Im ersten Fall beobachtet man direkt das reflektierte Licht, im zweiten Fall das Streulicht, das von Unebenheiten in der Oberflächenstruktur herrührt. Die Wahl zwischen diesen beiden Beobachtungsarten hängt davon ab, in welchem Fall ein stärkerer Effekt auftritt. Dies kann nur experimentell entschieden werden.

<u>Blitzlicht</u> ist eine Beleuchtungsmaßnahme, die vor allem der Unterdrückung von Bewegungsunschärfe dient. In allen drei bisher diskutierten Beleuchtungsmaßnahmen (Durchlicht, diffuses Auflicht, gerich-

tetes Auflicht) ist es möglich, zu blitzen. Durch den Einsatz des Blitzes "sieht" die Kamera das Werkstück für einen kurzen Zeitraum, in dem sich das Objekt nur geringfügig weiterbewegt, so daß es gegenüber der Kamera nicht "verschmiert". Bei Einsatz einer Fernseh-Kamera wird das Bild gewissermaßen während des Blitzes in die Röhre "eingebrannt" und gespeichert, bis es vom Abtaststrahl ausgelesen wird. Beim Einsatz von Blitzlicht sind zwei Dinge zu beachten: 1) Der Blitz muß mit dem Prozeß gekoppelt werden und 2) dauerndes Blitzen kann störend auf die Umgebung wirken. Die Synchronisation mit dem Prozeß (z.B. Werkstücke auf einem fließenden Förderband) kann durch Einsatz von geeigneten Sensoren (z.B. Lichtschranken) oder durch den Bildsensor selbst erfolgen; im zweiten Fall beobachtet der Sensor ständig das Band, bestimmt seine Geschwindigkeit und synchronisiert damit den Blitz. Der Einsatz eines Blitzes im sichtbaren Bereich des Lichtes kann zu ernsthaften Störungen bei benachbarten Arbeitsplätzen führen; es ist daher ratsam, die Beleuchtungsquelle so zu wählen, daß ihr Licht in einem Spektralbereich liegt, der für das menschliche Auge unsichtbar ist. Besonders günstig erscheint hier der Infrarot-Bereich zu sein. Zum einen gibt es Infrarot-Dioden, die geblitzt werden können; zum anderen reflektieren metallische Oberflächen in diesem Bereich sehr gut, so daß die resultierende Bildqualität hervorragend ist.

Lichtschnitt-Methoden stellen eine besondere Beleuchtungsmaßnahme dar, da sie zu direkten dreidimensionalen Aussagen über die Szene führen. Eine Methode einer dreidimensionalen Szenenanalyse ist das Stereosehen. Die Automatisierung des Stereosehens liegt allerdings noch in den Anfängen und kann nicht für einen industriellen Einsatz empfohlen werden. Beim Stereosehen handelt es sich um ein Triangulationsverfahren, wobei die Basis des Beobachtungsdreieckes durch zwei Kameras gebildet wird. Ersetzt man eine der beiden Kameras durch einen Projektor, der ein definiertes Muster auf die Szene projiziert, so läßt sich aus der Projektion des Musters auf die dreidimensionale Struktur der Szene zurückschließen. Besonders einfache Muster sind Lichtkanten oder Linien. Aus den Knickstellen der projizierten Kante/Linie läßt sich - unter Kenntnis der Anordnung von Projektor und Kamera - die dreidimensionale Struktur der Szene errechnen. Falls man nur eine einzige Kante/Linie projiziert, so muß man entweder diese über das Objekt führen oder das Objekt unter der Kante/Linie verschieben. (Eine weitere Möglichkeit besteht darin, mehrere Linien gleichzeitig zu projizieren. Dies hat sich aber nicht

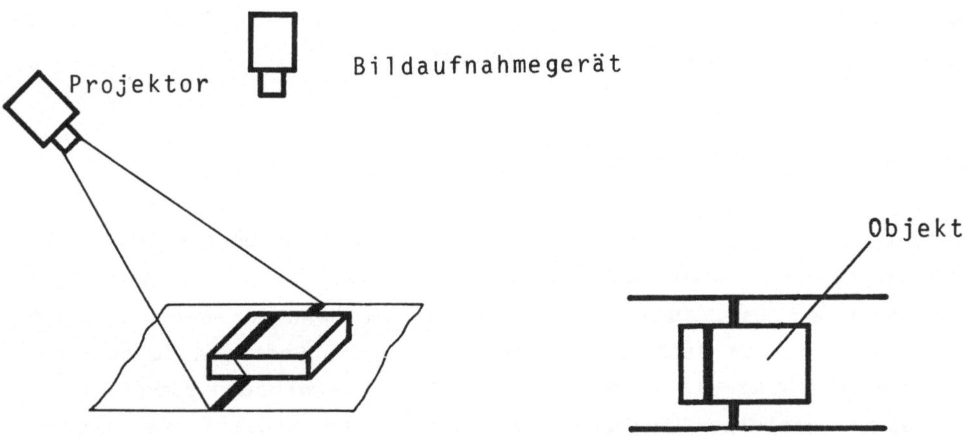

Bild 1.2-5: 3-dimensionale Information durch Lichtschnitt

als praktisch erwiesen.) In vielen Fällen werden Werkstücke auf
Förderbändern oder Hängeförderen transportiert, so daß bereits eine
Bewegung der Werkstücke gegeben ist. In solchen Fällen eignet sich
eine Lichtschnittbeleuchtung besonders. Bild 1.2-5 zeigt ein praktisches Beispiel für die Anwendung eines Lichtschnittsystems. Es handelt sich hierbei um ein System, bei dem eine Linie über Objekte
projiziert wird, wobei die Objekte auf einem Förderband vorbeiflie-
ßen. Dieses System befindet sich im Stadium der praktischen Erprobung /Holland et al. '79/.

R4) Bildwandler

Bei der Kamera hat man die Wahl zwischen einer Fernseh-Kamera oder
einer Dioden-Kamera. Prinzipiell haben Dioden-Kameras gegenüber FS-
Kameras den Vorteil, daß sie geometrie-treu sind (FS-Kameras haben
lediglich eine Genauigkeit von 1% über den Bildschirm). Grundsätzlich kann erwartet werden, daß Dioden-Kameras sich als Bildwandler
für Bildsensoren durchsetzen werden. Zur Zeit weisen sie allerdings
noch eine Reihe von Problemen auf: die Lieferdauer ist lang; die
meisten Kameras haben viele Fehlstellen (über 10%); die Bildzellen
sind nicht quadratisch, sondern rechteckig (dies führt zu Problemen
bei exakten Messungen); das Videosignal ist verschmiert über die
Bildspalten (bedingt durch die Art des Auslesens). Obwohl sich
Dioden-Kameras ohne Zweifel auf die Dauer durchsetzen werden, er-

scheint es im Augenblick ratsam, FS-Kameras überall dort einzusetzen, wo keine hohe Genauigkeit gefordert ist.

R5) Architektur des Bildsensorsystems

Die Architektur des Bildsensors hängt von vielen Gegebenheiten ab.
Der dominierende Faktor ist hier die Zeit, die für die Analyse _eines_
Bildes gegeben ist. Wenn die Taktzeile im Sekunden-Bereich liegt,
ist es möglich, das Bild zu speichern und durch Software zu analysieren. Wenn die Taktzeit im Bereich von Zehntel-Sekunden liegt, ist es
notwendig, spezielle Hardware einzusetzen. Der Einsatz von Hardware
kann leicht zu Systemen führen, die nicht flexibel genug für die
Praxis sind. Das in Teil 3 beschriebene Bildsensorsystem zeigt, wie
spezielle Hardware so eingesetzt werden kann, daß ein flexibles
Sensorsystem entsteht.

R6) Auswertung der Sensorergebnisse

Der Einsatz eines Bildsensors ist nur sinnvoll, wenn - in Abhängigkeit von den Ergebnissen der Analyse - bestimmte Maßnahmen getroffen
werden. Das Ergebnis einer Bildanalyse ist typischerweise eine Aussage über: Art der Objekte in der Szene, ihre Lageklasse, ihre Position, ihre Orientierung. Vor der Übergabe dieser Daten an das Handhabungssystem ist es oft notwendig, diese Daten so zu konvertieren,
daß sie vom Handhabungssystem bearbeitet werden können. Bildsensoren
arbeiten stets in kartesischen Koordinaten; Handhabungssysteme - wie
z.B. Industrieroboter - haben in der Regel eigene Koordinatensysteme, die typischerweise nicht-kartesich sind. Es ist deshalb notwendig, eine _Koordinatentransformation_ in das entsprechende System vorzunehmen. Dies ist nicht einfach, da viele der heute gebräuchlichen
Handhabungssysteme recht komplizierte Koordinatensysteme haben. Nur
wenige Industrieroboter haben polare oder zylindrische Systeme, bei
denen die Umrechnung von kartesischen Koordinaten leicht ist. Es ist
eigentlich die Aufgabe des Robotrechners, diese Koordinatentransfor-
mation vorzunehmen. Es gibt heute jedoch nur wenige kommerzielle
Industrieroboter, die eine Schnittstelle für Sensoren anbieten, die
kartesische Koordinaten übernehmen kann. Allerdings ist eine Norm
für solche Schnittstellen in Kürze zu erwarten; im Rahmen des VDI
arbeiten mehrere Firmen und Institute in der BRD an ihrer Definition.

Bei Aufgaben der Sichtprüfung ist es häufig ausreichend, wenn man angibt, wie ein Werkstück weitergeführt werden soll. Je nach Qualität kann ein Werkstück zur nächsten Bearbeitung, zu einer Nachbearbeitung weitergeschickt oder aussortiert werden. In solchen Fällen reicht es aus, lediglich eine Drei-Weg-Weiche zu stellen. Hier muß das Ergebnis der Bildanalyse also nur in eines von drei Kommandos konvertiert werden.

R7) Transport- und Handhabungsvorrichtungen

Transport- und Handhabungssysteme schließen die Kette der Betrachtung: Sie bringen Werkstücke zu einem Arbeitsplatz und befördern sie nach der Bearbeitung von diesem wieder fort. Dabei kann beim An- und Abtransport eine gewisse Ordnung zwischen den Werkstücken bereits erstellt oder aufrechterhalten werden. Somit hängen die Transport- und Handhabungsvorrichtungen also direkt mit dem gesamten Aufbau des Werkplatzes zusammen und müssen in die Planung miteinbezogen werden. Durch die Leistungsfähigkeit der Transportvorrichtungen bezüglich der Vereinzelung von Werkstücken wird die Komplexität der Szenen bestimmt, die der Bildsensor analysieren muß. Transportsysteme können auch bei Auswahl eines Bildwandlers eine Rolle spielen: Wenn Werkstücke mit konstanter Geschwindigkeit unter dem Bildfeld der Kamera verschoben werden, reicht es, einen eindimensionalen Bildwandler (Dioden-Zeile) einzusetzen. In solchen Fällen können Kameras mit einer wesentlich höheren Bildauflösung (im Vergleich mit Dioden-Feldern oder FS-Kameras) verwendet werden.

Fassen wir die Aussagen dieses Abschnittes kurz zusammen: Bei der Automatisierung eines Arbeitsplatzes reicht es nicht aus, den Menschen durch ein Handhabungssystem und einen oder mehrere Sensoren zu ersetzen. Vielmehr müssen alle Komponenten des Arbeitsplatzes berücksichtigt - und eventuell umkonstruiert - werden. Dies macht die Ersteinrichtung von automatisierten Plätzen manchmal teuer, garantiert aber optimale Systemlösungen, die sich bei weiteren Arbeitsplätzen wieder bezahlt machen.

Als Ausblick sei hier noch darauf hingewiesen, daß bei der Konstruktion von Werkstücken einiges getan werden kann, um die Automatisierung eines Arbeitsprozesses zu erleichtern: man kann Werkstücke:

- handhabungsgerecht
- sensorgerecht

konstruieren. Im ersten Fall kann z.B. durch Vorsprünge, Ecken usw. die Vereinzelung der Werkstücke vereinfacht oder ihr gegenseitiges Verhaken erschwert werden. Im zweiten Fall kann durch das Anbringen von Bohrungen, Kerben, Löchern usw. die Erkennung der Werkstücke und ihre Unterscheidung untereinander erleichtert werden. Unter Bewahrung der ursprünglichen Funktion der Werkstücke lassen sich solche zusätzlichen Merkmale häufig leicht und ohne großen Mehraufwand bei der Fertigung anbringen.

1.3 Bewertungskriterien für Bildsensoren

Aus dem bisher gesagten ist deutlich geworden, daß Bildsensoren nicht isoliert bewertet werden können. Man muß vielmehr alle Systemkomponenten gleichzeitig einer Bewertung unterziehen. Wenn eine isolierte Bewertung auch nicht möglich ist, so können doch verschiedene Kriterien angegeben werden, die bei einer Beurteilung von Bildsensoren berücksichtigt werden müssen.

Kosten

Hier muß man zwischen den Anschaffungs- und den Unterhalts-Kosten unterscheiden. Bildsensoren können in ihren Leistungen von einfachen Meßaufgaben bis zu sehr komplizierten Erkennungsaufgaben variieren. Naturgemäß wird auch der Anschaffungspreis in einem Bereich liegen, der jeweils der Leistungsfähigkeit angemessen ist. So können die Anschaffungskosten für einen Bildsensor zwischen 10.000 DM und 100.000 DM schwanken. Bei der Anschaffung ist auch zu beachten, ob die gestellten Probleme mit der vorhandenen Soft- und Hardware gelöst werden können, oder ob noch spezielle Anpassungen des Systems vorgenommen werden müssen. Wie bereits mehrfach erklärt, muß häufig der gesamte Arbeitsplatz umgestaltet werden, so daß neben den Kosten für den Bildsensor weitere Kosten anfallen. Diese können durchaus um mehrere Größenordnungen über den Sensorkosten liegen - insbesondere wenn ein Industrieroboter eingesetzt werden soll. Die Kosten für den Unterhalt und die Wartung des Bildsensors sind vergleichsweise gering und entsprechen denen herkömmlicher Elektronik. Lediglich bei der Kamera und der Beleuchtungseinrichtung ist die Lebensdauer der Teile zu berücksichtigen: So ist etwa eine FS-Röhre nach ca. 1000 Arbeitsstunden auszutauschen, und auch Lampen haben nur eine endliche Lebensdauer.

Zuverlässigkeit

Die Zuverlässigkeit des Bildsensors ist sicherlich eine der wichtigsten Eigenschaften, da Fehlfunktionen zu folgenschweren Schäden führen können. Ein Maß für die Leistungsfähigkeit eines Bildsensors ist die Angabe der Erkennungsrate. Man unterscheidet dabei zwischen Erkennung mit oder ohne Rückweisung. Rückweisungen können erfolgen, wenn ein Konfidenz-Niveau für die Erkennung unterschritten ist, d.h. der Sensor ist "sich nicht sicher genug". Die Erkennungsrate gibt an, wieviel Prozent der erkannten Stücke auch tatsächlich richtig erkannt wurden. Es ist offensichtlich, daß für praktische Anwendungen die Erkennungsrate möglichst hoch (nahe 100 %) sein sollte, um eine genügende Zuverlässigkeit zu gewährleisten. Die Rückweisungsrate ist weniger kritisch, muß jedoch so gering sein, daß ein genügend hoher Durchsatz erreicht werden kann. Bei der Auswahl und Erprobung von Erkennungsalgorithmen sind diese beiden Punkte streng zu beachten. Selbst wenn hohe Erkennungsraten erreicht werden, ist es ratsam, Ergebnisse auf ihre Plausibilität zu prüfen. Richtige Ergebnisse können in der Regel nur in bestimmten Wertebereichen liegen, vor Übergabe von Ergebnissen lassen sich diese Wertebereiche leicht prüfen. Derartige Plausibilitätsprüfungen sollten auch nach der Weitergabe von Daten erfolgen, so daß Störungen im Übertragungskanal rechtzeitig entdeckt werden. So kann zum Beispiel vermieden werden, daß ein Industrieroboter falsche Zielkoordinaten erhält und, statt auf ein Werkstück zuzugreifen, mit einer Maschine kollidiert.

Verarbeitungsgeschwindigkeit

Die erforderliche Verarbeitungsgeschwindigkeit hängt im wesentlichen von der Taktzeit des zu bedienenden Fertigungsprozesses ab. Typische Taktzeiten variieren von Zehntel-Sekunden zu 10 Sekunden; Ausnahmen nach unten und oben sind möglich. Bildsensoren müssen also im Bereich von 100 - 200 Millisekunden operieren können - dies ist angesichts der großen Datenmengen, die in Bildern enthalten sind, eine drastische Forderung. Diese Forderung wird noch strenger, wenn das Bild <u>während</u> der Abtastung durch die FS-Kamera verarbeitet werden muß. Dann stehen für die Analyse eines FS-Halbbildes nur 20 ms zur Verfügung.

Flexibilität

Flexibilität ist überall dort gefordert, wo häufig umgerüstet wird, so daß ständig neue Werkstücke erkannt, inspiziert oder vermessen werden müssen. Die erforderliche Flexibilität läßt sich sowohl durch Hardware als auch Software erzielen. Im einen Fall müssen geeignete Mittel der Archivierung bereitgestellt werden, so daß z.B. die Daten für ein Werkstück schnell von einem Speichermedium (RAM, PROM, Floppy-Disk, Kassetten-Recorder,..) in den Sensor eingelesen werden können. Im anderen Fall muß die Software es gestatten, den Sensor schnell und ohne Aufwand umzuprogrammieren. Hier spielt die Frage der Bedienbarkeit eine wesentliche Rolle.

Bedienbarkeit

Die Bedienbarkeit von Bildsensoren erscheint ein wichtiger Faktor für die Praktikabilität ihres Einsatzes zu sein. Die Programmierung solcher Systeme für eine spezielle Erkennungsaufgabe muß vor Ort - d.h. in der Werkshalle - erfolgen. Es kann daher nicht erwartet werden, daß der zukünftige Bediener mit Programmiersprachen vertraut ist. Statt dessen muß die Bedienung durch <u>interaktive Methoden</u> erfolgen, z.B. durch Bediener-Führung mit Hilfe eines Bildschirm-Dialogs. Denkbar ist auch der Einsatz einer wirklich einfachen, problem-orientierten Programmiersprache - etwa auf der Höhe von BASIC.

Wartbarkeit

Es ist heute eine Selbstverständlichkeit, Systeme so zu entwerfen, daß sie leicht gewartet werden können. Ein typisches Merkmal ist modularer Aufbau, der Wartung durch Austausch von Komponenten ermöglicht. Bei Bildsensoren kann es sich um umfangreiche und komplexe

Systeme handeln. Beim Auftauchen von Problemen ist manchmal zunächst nicht einmal offensichtlich, ob die Fehlerursache in der speziellen Hardware, im Mikro-Computer oder in der Software (oder in allen dreien) liegt. Hier kann der Einsatz spezieller Diagnose-Routinen zu einer besseren Wartbarkeit führen. Solche Routinen hängen stark von der Systemarchitektur ab, so daß hier keine allgemeinen Aussagen gemacht werden können.

Genauigkeit

Die erwartete Genauigkeit eines Bildsensors hängt von der Aufgabenstellung ab. Für Handhabungsaufgaben (z.B. durch einen Industrieroboter) reicht es häufig aus, Werkstück-Koordinaten auf ca. 1 mm genau zu bestimmen, mit einer Winkelauflösung von 1 Grad für die Bestimmung der Drehlage in der Bildebene. Bei Sichtprüfaufgaben werden oft wesentlich schärfere Anforderungen gestellt, die bis in den Bereich von 10 µ reichen. Bildauflösung und Genauigkeit hängen direkt voneinander ab; bei den heute zur Verfügung stehenden Kameras (FS-Kamera mit ca. 256 x 512 Bildpunkten, Dioden-Kamera mit ca. 280 x 360 Bildpunkten, Dioden-Zeilen mit 1 x 2048 Bildpunkten) sind der Genauigkeit, die erreicht werden kann, Grenzen gesetzt. Diese können nur durch konstruktive Maßnahmen (Verschieben der Kamera über dem Objekt oder umgekehrt, Einsatz von Spiegeln; Einsatz von Laser-Scannern,..) überwunden werden.

Leistungsfähigkeit

Wie die Genauigkeit hängt auch die erwartete Leistungsfähigkeit von der Aufgabenstellung ab. Diese kann von einfachen Meßaufgaben bis zu komplexen Erkennungsaufgaben reichen. Beispiele hierfür wurden in Abschnitt 1.1 behandelt. Wichtig ist, daß auch komplexe Aufgaben mit hoher Zuverlässigkeit durchgeführt werden müssen. Es reicht für industrielle Anwendungen nicht aus, wenn ein Erkennungsalgorithmus "meistens" arbeitet.

Aus diesem Bewertungsprofil wird deutlich, daß bei der Realisierung von praktischen Bildsensoren viele verschiedenartige Problemkreise zu beachten sind. Die Anforderungen, die heute an Bildsensoren gestellt werden, sind sehr hoch und reichen an die Grenze dessen, was mit den zur Verfügung stehenden Techniken machbar ist.

2 Ausgewählte Methoden der Bildanalyse für praktische Bildsensoren

Es ist ausgeschlossen, im Rahmen dieser Arbeit einen detaillierten Überblick über die Vielzahl von Verfahren zur Bildverarbeitung und Szenenanalyse zu geben. Es ist hier lediglich möglich, die wichtigsten Verarbeitungsschritte herauszuarbeiten, die zu einer Bildanalyse führen und typische Beispiele für Verfahren zu nennen. Die Auswahl wird dabei von einem möglichen Nutzen eines Verfahrens für die Anwendung in einem praktischen Bildsensor bestimmt. Aus den Erörterungen des vorausgegangenen Kapitels ist deutlich geworden, daß es eine Reihe von Randbedingungen gibt, von denen es abhängt, wie geeignet ein Bildsensor für praktische Anwendungen ist. Die wichtigsten Bedingungen bei der Auswahl eines Analyse-Algorithmus sind Verarbeitungsgeschwindigkeit und Zuverlässigkeit.

Hinter der Verarbeitungsgeschwindigkeit verbirgt sich eigentlich der Rechenaufwand, der notwendig ist, um eine Aufgabe zu lösen. Es ist offensichtlich, daß rechenaufwendige Programme lange Verarbeitungszeiten haben. In der Regel können Verarbeitungszeiten verkürzt werden, indem man entweder zu einem leistungsfähigeren Computer übergeht oder spezielle Hardware für die rechenintensiven Teile des Algorithmus einsetzt. Beide Lösungen sind für praktische Systeme nur bedingt geeignet, weil sonst die Kosten für ein System in Bereiche geraten, die nicht mehr wirtschaftlich sind. Es ist deshalb in der Regel notwendig, Mikro- oder höchstens Mini-Computer einzusetzen; auch der Aufwand für spezielle Hardware muß sich in einem bestimmten Rahmen bewegen (zu spezielle Hardware verletzt die Bedingung der Flexibilität und kann ebenfalls zu überhöhten Kosten führen). Da man also in Bezug auf möglichen Einsatz von Computer-Kapazität und spezieller Hardware relativ eingeschränkt ist, stellt die erreichbare Verarbeitungsgeschwindigkeit einen begrenzenden Faktor für die Auswahl eines Verfahrens dar. Die Bedeutung der Zuverlässigkeit eines Verfahrens ist bereits erörtert worden, sei aber hier noch einmal betont: Gesucht sind Verfahren, die eine möglichst hohe Erkennungsrate bei vertretbarer Rückweisungsrate ermöglichen. Diese beiden Randbedingungen wurden bei der Auswahl der im folgenden diskutierten Verfahren der Bildverarbeitung und der Szenenanalyse berücksichtigt.

Es ist zunächst notwendig, die beiden Begriffe "Bildverarbeitung" und "Szenenanalyse" näher zu definieren. Bei der Bildverarbeitung wird ein Bild in ein Bild mit anderen Qualitäten transformiert; d.h. man gibt ein Bild in das Verarbeitungssystem ein und erhält als Ergebnis ein anderes Bild. Die Szenenanalyse überführt ein Bild in eine Beschreibung; d.h. man gibt ein Bild in das Analysesystem ein und erhält als Ergebnis eine Beschreibung der zugrundeliegenden Szene. Das Eingabe-Bild kann dabei durchaus das Ergebnis einer Bildverarbeitung sein. In einem solchen Fall kann das Bildverarbeitungssystem z.B. eine Bildverbesserung vornehmen, die die folgende Szenenanalyse erleichtert. Die Grenzen zwischen einer Bildverarbeitung und den ersten Schritten einer Szenenanalyse sind fließend und nur schlecht abzugrenzen. Im strengen Sinne ist es Aufgabe der Szenenanalyse, Informationen über die zugrundeliegende dreidimensionale Szene zu liefern. Zu diesem Zweck wird ein <u>Bild</u> einer <u>Szene</u> analysiert; ich verwende deshalb im folgenden den Begriff der "Bildanalyse" als Synonym. Für den Übergang von einer Bildanalyse zu einer Szenenanalyse ist eigentlich ein Kamera-Modell (und eventuell ein Beleuchtungs- und Reflexions-Modell) notwendig. Diese werden oft nur implizit über den Lernprozeß des Bildsensors eingeführt, so daß es korrekt ist, von Bildanalyse zu reden.

Bild 2.-1 illustriert den Zweck einer Szenenanalyse. Zu Beginn liegt ein Grauwertbild in Form einer Bildfunktion vor. Die Aufgabe der Szenenanalyse besteht darin, diese Bildfunktion in sinnvolle Teilstrukturen zu zerlegen und diesen Teilstrukturen eine <u>Bedeutung</u> in der dreidimensionalen Szene zuzuordnen. Sinnvolle Teilstrukturen sind z.B. Objektkanten, Linien oder homogene Regionen. Stellt man die Bildfunktion in einem dreidimensionalen Plot dar, so sieht man, daß bestimmte Zusammenhänge zwischen den Abbildern von Objekten und der Struktur der Bildfunktion bestehen (in Bild 2.-1 ist die Bildfunktion invertiert dargestellt, d.h. helle Bildpunkte liegen im 3-D Plot unten, helle oben: auf diese Weise treten die dunklen Objekte gegenüber dem hellen Untergrund besser hervor.) So entsprechen z.B. Objektkanten steilen Stufen in der Grauwertfunktion; Linien entsprechen Graten; in beiden Fällen ist die Polarität der Kante/Linie zu beachten: entweder es handelt sich um eine helle Kante/Linie auf

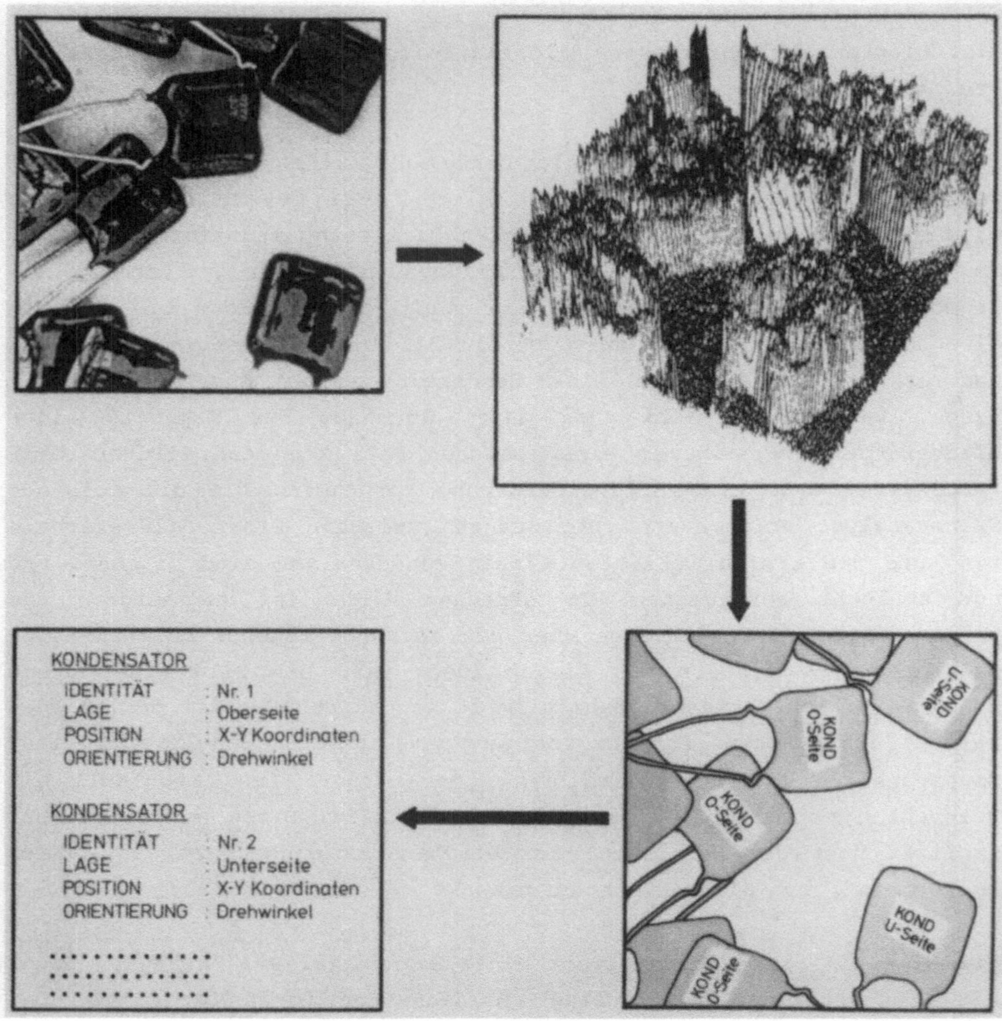

Bild 2.-1: Szenenanalyse: vom Grauwertbild zur Szenenbeschreibung

dunklem Untergrund oder umgekehrt. Homogene Regionen sind Plateaus
in der Bildfunktion; sie sind durch einen bestimmten Grauwert und
Schwankungen um diesen festgelegt. Neben diesen einfachen Teilstrukturen gibt es noch weitere, insbesondere sogenannte "Texturelemente";
auf diese wird hier nicht eingegangen, weil Probleme des Texturse-
hens noch zu wenig verstanden werden, um Textursehen für praktische
Anwendungen einzusetzen. (Grundsätzlich hat das Textursehen jedoch
Bedeutung für die Praxis, da in der Regel unregelmäßig geformte
Oberflächen zu Texturen führen. Für eine Erörterung von Texturelemen-

ten siehe /Ehrich & Foith '78/.) Aus einfachen Teilstrukturen lassen sich komplexere zusammensetzen, z.B. solche, die direkt den Objekten im Grauwertbild entsprechen.

Die Zuordnung von Bedeutung kann auf vielen Ebenen erfolgen: Man kann bereits auf Ebenen einfacher Teilstrukturen beginnen und dies von Ebene zu Ebene fortsetzen; in diesem Fall kann man von semantisch orientierten Verfahren sprechen. Es ist aber auch möglich, lediglich auf höheren Ebenen von Teilstrukturen eine semantische Zuordnung zu treffen. In beiden Fällen wird man auf der höchsten Ebene mit Hilfe der semantischen Zuordnungen zur gewünschten Beschreibung der Szene gelangen.

Es ist offensichtlich, daß die Art der Beschreibung von der Aufgabe abhängt, die der Bildsensor erfüllen muß. In industriellen Anwendungen sollten Szenenbeschreibungen folgende Informationen enthalten:

- Anzahl und Art von Objekten in der Szene;
- ihre Lageklasse;
- ihre Position
- und ihre Orientierung.

Unter Lageklasse wird hier die Seitenlage eines Objektes verstanden, d.h. man fragt, auf welcher Seite ein Objekt liegt. Dabei wird vorausgesetzt, daß die Objekte stabile Lagen haben. All dies sind Informationen, die ein Industrieroboter benötigt, um auf ein Objekt zugreifen zu können. Eine andere Art der Szenenbeschreibung kann z.B. Aussagen über die Vollständigkeit eines Objektes, die Beschaffenheit seiner Oberfläche usw. enthalten. Dies sind Informationen, die man für eine Sichtprüfung benötigt. Eine Reihe anderer Beschreibungen sind denkbar.

Ein digitales Bild wird im Rechner in einer N x N Matrix von Bildzellen gespeichert, deren Werte jeweils den Grauwerten von Bildpunkten entsprechen. Beim Betrachten eines solchen Bildes auf einem Bildschirm sieht der menschliche Beobachter dank seines hochleistungsfähigen Sehsinnes Linien und Regionen mit Bedeutungen – und nicht eine Matrix von Bildzellen. Für den Computer liegen zu diesem Zeitpunkt lediglich N x N Bildzellen vor, wobei der Zusammenhang zwischen diesen Bildzellen noch völlig offen ist. Es ist Aufgabe der ersten Verarbeitungsschritte einer Bildanalyse, diesen Zusammenhang

herzustellen, indem benachbarte Bildzellen zu Gruppen zusammengefaßt
werden, deren Bildpunkte aufgrund eines bestimmten Kriteriums "zusammengehören". Dieser erste Verarbeitungsschritt wird "Segmentation"
genannt. Mit Hilfe der Segmentation wird die Bildfunktion in Teilstrukturen zerlegt.

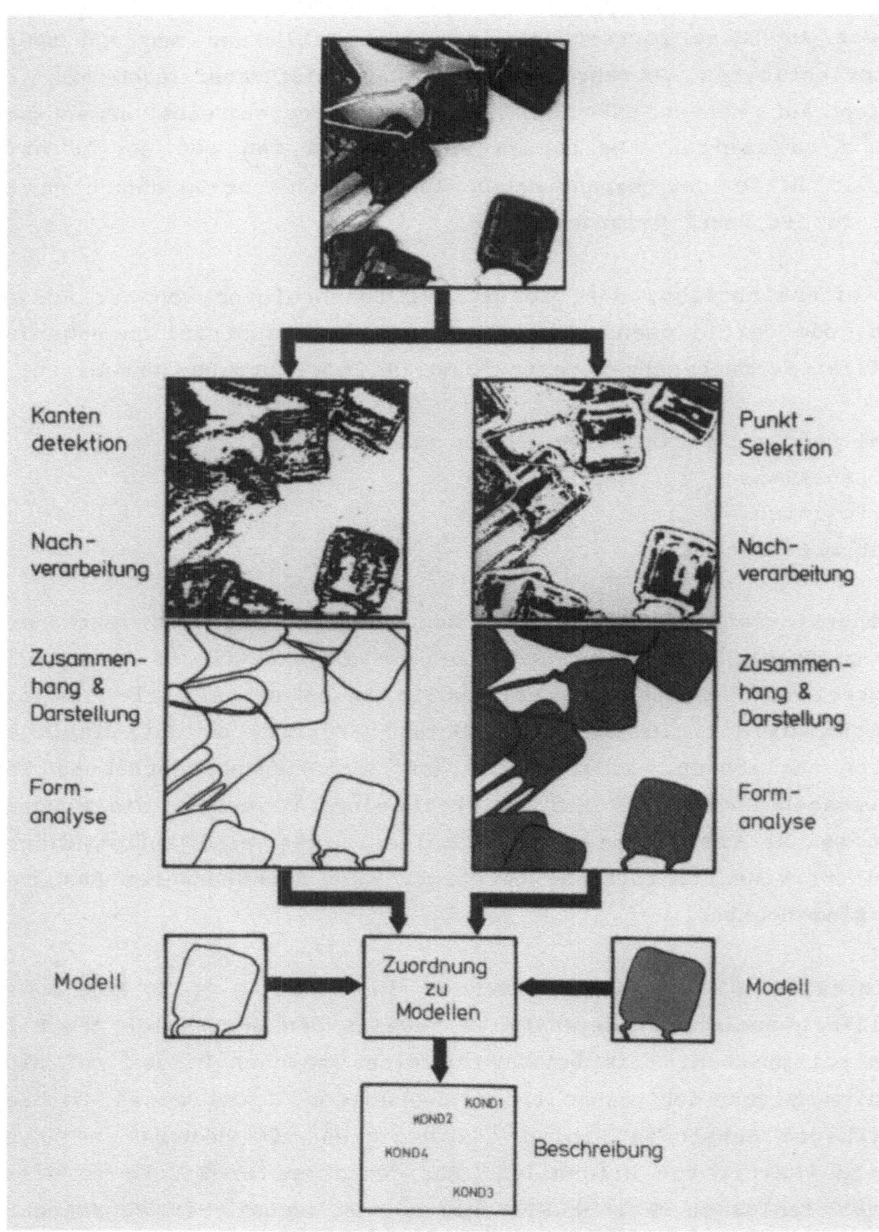

Bild 2.-2: Verarbeitungsschritte einer Bildanalyse

Will man ein Bild in Regionen zerlegen, so gibt es prinzipiell zwei Vorgehensweisen für die Segmentation: Entweder man umfährt die Konturen von Regionen oder man gibt alle Bildzellen an, die zu einer Region gehören. Beim ersten Ansatz ("Kontur-Ansatz") macht man Gebrauch von Grauwertunterschieden zwischen benachbarten Regionen; beim zweiten Ansatz ("Regionen-Ansatz") verwendet man Grauwertähnlichkeiten von Bildzellen innerhalb einer Region. Es ist möglich, diese beiden prinzipiellen Vorgehensweisen miteinander zu kombinieren. Für derartige Beispiele siehe /Milgram '77/ oder /Schärf '77/.

Trotz der Unterschiede der Ansätze zur Segmentation lassen sich insgesamt die Verarbeitungsschritte einer Bildanalyse folgendermaßen charakterisieren und zu sechs Verarbeitungsstufen zusammenfassen (siehe Bild 2.-2).

1) Auswahl von Bildpunkten

Zunächst müssen geeignete Bildpunkte für eine Segmentation ausgewählt werden. Bei der Segmentation über Konturen entspricht dies der "Kantendetektion"; bei der Segmentation über Regionen entspricht dies der Bestimmung von ähnlichen Grauwerten, z.B. durch "Flächenwachstum".

2) Nachverarbeitung

In der Regel führen Verfahren der Segmentation zu unvollständigen, gestörten Ergebnissen, die erst bereinigt werden müssen, bevor die nächste Verarbeitung einsetzen kann. Beim Konturansatz müssen häufig Lücken geschlossen, Konturen begradigt und zu kurze Linien beseitigt werden. Beim Regionenansatz müssen Ein- und Ausbuchtungen geglättet, Löcher gefüllt und zu kleine Regionen beseitigt werden.

3) Zusammenhangsanalyse

Dieser Verarbeitungsschritt ist besonders wichtig, aber auch besonders schwierig - zumindest für den Konturansatz. Nach der Bildpunktauswahl und Nachverarbeitung liegen im Rechner die Ergebnisse noch immer in Form von isolierten Punkten vor, auch wenn man jetzt weiß, wie sie zusammengehören. Die Zusammenhangsanalyse ist der eigentliche Vorgang der Gruppierung solcher zusammengehöriger Punkte. Beim Konturansatz dient diese Gruppierung der <u>Linienverfolgung.</u> Die Linienverfolgung muß aus den Ergebnissen der Kantendetektion und Nachverarbeitung diejenigen Punkte bestimmen, die tatsächlich auf einer Kontur liegen. Dies ist ein schwieriger Prozeß, da die Kantendetektion in der Regel wesentlich mehr Punkte liefert, als Kantenpunkte vorhanden sind, so daß sich der Linienfinder leicht "verirren" kann. Beim Regionenansatz ist die Zusammenhangsanalyse wesentlich einfacher: Während der Punktselektion werden den charakteristischen Extraktionsparametern gewisse Marken zugewiesen. Bei der Zusammenhangsanalyse werden diese Marken zwischen benachbarten Bildpunkten gleicher Parameter lediglich fortgepflanzt. Man spricht hier von der <u>"Markierung von Zusammenhangskomponenten"</u> oder kürzer von der <u>"Komponentenmarkierung"</u>.

4) Darstellung von Zusammenhangskomponenten

Nach der Zusammenhangsanalyse müssen die Zusammenhangskomponenten durch geeignete Darstellungsweisen repräsentiert werden. Dies ist beim Konturansatz relativ einfach, da hier Geraden- und Kurven-Abschnitte als Primitive für die Repräsentation verwendet werden können. Diese ergeben sich meist in eindeutiger Weise. Beim Regionenansatz sind die Primitiven der Repräsentation nicht so einfach zu bestimmen. Hier werden häufig konvexe Figuren als Primitive gewählt, die sich gegenseitig überlappen. Zerlegungen in konvexe Figuren sind nicht immer eindeutig.

5) Formanalyse

Die Repräsentationen der Konturen oder Regionen werden danach an die nächste Verarbeitungsstufe weitergereicht, die eine Formanalyse vornimmt. Die Formanalyse nimmt eine wichtige Stelle ein, weil mit ihrer Hilfe die semantische Zuordnung erfolgt: Wenn man die Form einer Linie oder Region erfaßt hat, kann man unter den eingelernten Modellen nach ähnlichen Linien/Regionen suchen. Für die Formanalyse gibt es eine Vielzahl von Verfahren, die zum Teil Kontureigenschaften, zum Teil die Eigenschaften von Regionen ausnützen. Das Ergebnis einer Formanalyse kann ein Skalar, ein Merkmalsvektor oder eine strukturelle Beschreibung sein.

6) Zuordnung von Modellen

Modelle stellen das a-priori-Wissen eines Bildsensors dar. Dieses
Modellwissen wird in einer Lernphase dem Sensor durch den Benutzer
vorgegeben und gespeichert. Die Modelle beschreiben, wie diejenigen
Objekte, die zu erkennen sind, "aussehen" - und zwar jeweils in
definierten Lageklassen. Da die Zuordnung zwischen den Figuren im
Bild und den Modellen über die Form derselben erfolgt, ist es
notwendig, beide auf die gleiche Weise darzustellen. D.h. daß beim
Konturansatz die Modelle aus Konturelementen, beim Regionenansatz
aus Regionen aufgebaut sein müssen. Durch Vergleich der vorliegenden
Figuren und den eingelernten Modellen wird das jeweils ähnlichste
Paar bestimmt. Falls die Ähnlichkeit genügend groß ist, wird der
betreffenden Figur im Bild das entsprechende Modell zugeordnet. Die
Aufzeichnung dieser Zuordnungen enthält schließlich die gesuchte
Beschreibung. Die gespeicherten Modelle erfassen meistens diskrete
Lageklassen der Objekte. Zusätzlich müssen noch ihre Position (z.B.
die X-Y-Koordinaten eines Greifpunktes) und ihre Orientierung (Dreh-
lage in der Bildebene) bestimmt werden. Hierzu kann das Modell
Angaben enthalten, die diese Bestimmung lenken.

Dieses 6-stufige Schema stellt den Ablauf einer Bildanalyse in
allgemeiner Form dar, jedoch ohne Rücksicht auf Kontrollmechanismen,
die den Ablauf zwischen den einzelnen Verarbeitungsstufen steuern.
So ist es z.B. möglich - und auch erstrebenswert -, Rückkoppelungen
einzubauen, so daß Ergebnisse auf höheren Ebenen Einfluß auf die
Analyse einer niedrigeren Stufe nehmen. Es ist also durchaus möglich, daß die Analyse Rücksprünge macht. Ganz allgemein kann gesagt
werden, daß soviel a-priori-Information und soviel Rückkoppelung wie
möglich in die Analyse einbezogen werden sollten, um die schwierige
Aufgabe einer Bildanalyse weitgehend zu unterstützen.

Im folgenden wird näher auf die Methoden der Segmentation, der
Formanalyse und der Modellzuordnung eingegangen.

2.1 Segmentation

Wie bereits ausgeführt, ist es die Aufgabe der Segmentation, das
Bild in bedeutungsvolle Teilstrukturen zu zerlegen. Hierfür muß
jedoch zunächst festgelegt werden, auf welcher Ebene man bedeutungs-

volle Einheiten anlegen will. In der Szenenanalyse gibt es viele semantische Ebenen, auf denen ein Bezug zur Szene und ihrer Abbildung angesiedelt werden kann. Man muß daher festlegen, auf welcher dieser Ebenen das Bild und die Szene beschrieben werden sollen.

Niedere Ebenen beschreiben das Bild mit Hilfe von lokalen Merkmalen, wie z.B. Grenzlinienelementen oder homogenen Reflexionen. Derartige Elemente liefern lediglich ganz allgemeine Informationen über die Beleuchtungs- und die Reflexionsfunktion, die dem Bild zugrunde liegt. Auf mittleren Ebenen wird das Bild mit Elementen wie Regionen oder Linien beschrieben. Diese Elemente liefern Informationen über Objektoberflächen. Erst auf höheren Ebenen wird das Bild mit Hilfe von Objektteilen oder gar Objekten beschrieben. Auf diesen Ebenen liegt bereits sehr spezifische Information vor.

Bei der Werkstückerkennung erscheint es sinnvoll, die Segmentation auf einer Beschreibungsebene vorzunehmen, auf der (Teile von) sichtbare(n) Oberflächen die Grundelemente darstellen. Aufgrund von Schwankungen in der Beleuchtung, der Reflexion und der Orientierung der Oberflächen wird es kaum möglich sein, exakt die Wekstückoberflächen zu extrahieren. Man muß also darauf gefaßt sein, daß die Segmentation unvollständig und fehlerbehaftet ist.

Es wurde bereits erwähnt, daß es prinzipiell zwei Arten der Segmentation gibt: den "Kontur-Ansatz" und den "Regionen-Ansatz". Beide Ansätze werden hier erörtert. Beide beruhen auf vier grundsätzlichen Schritten: der Bildpunkt-Selektion, der Nachverarbeitung, der Zusammenhangsanalyse und der Darstellung der extrahierten Strukturen. Besonders wichtig sind die Bildpunktselektion und die Zusammenhangsanalyse. Es ist wesentlich, zu verstehen, daß es sich dabei um zwei prinzipiell unterschiedliche Prozesse handelt. Die Bildpunktselektion beruht auf Eigenschaften der Helligkeitsverteilung (Bildfunktion); die Zusammenhangsanalyse beruht auf Eigenschaften örtlicher Nachbarschaft.

2.1.1 Segmentation durch Konturen

Die Grundidee dieses Ansatzes besteht darin, die Konturlinien derjenigen Regionen zu finden, in die das Bild zerlegt werden soll. Dies setzt voraus, daß benachbarte Regionen sich in ihren Grauwerten hinreichend voneinander unterscheiden. Die Unterscheidung von Regionen wird extrem schwierig bei Vorhandensein von Texturen. Das Problem, Grenzlinien zwischen verschiedenen Texturen zu finden, muß als noch weitgehend ungelöst gelten. Für praktische Ansätze muß man daher das Problem von Texturen ausklammern. Deshalb wird für den Rest dieser Erörterung angenommen, daß alle Regionen im Bild nahezu homogen oder zumindest nicht stark texturiert sind. Diese Annahme gilt in industriellen Umgebungen in der Tat recht häufig. Falls nicht, muß ein anderer Ansatz für die Segmentation gewählt werden.

Grenzlinien von homogenen Regionen sind in der Regel "Kanten". Dies sind stufenhafte Strukturen in der Grauwertfunktion. Wie jedoch aus Bild 2.1.1-1 entnommen werden kann, sind diese Kanten nicht steile und klar definierte Stufen, sondern haben eine unregelmäßige Form.

Der erste Schritt der Segmentation ist die Selektion von Bildpunkten. Beim Kontur-Ansatz handelt es sich darum, diejenigen Bildpunkte zu finden, die auf der Flanke einer (unregelmäßig geformten) Kante liegen. Man spricht daher von der "Kantendetektion". Bevor wir näher auf die Kantendetektion eingehen, muß noch eine Unterscheidung zwischen einer "Kante" und einem "Kantenelement" getroffen werden: Unter einer "Kante" wollen wir eine längliche Struktur verstehen,

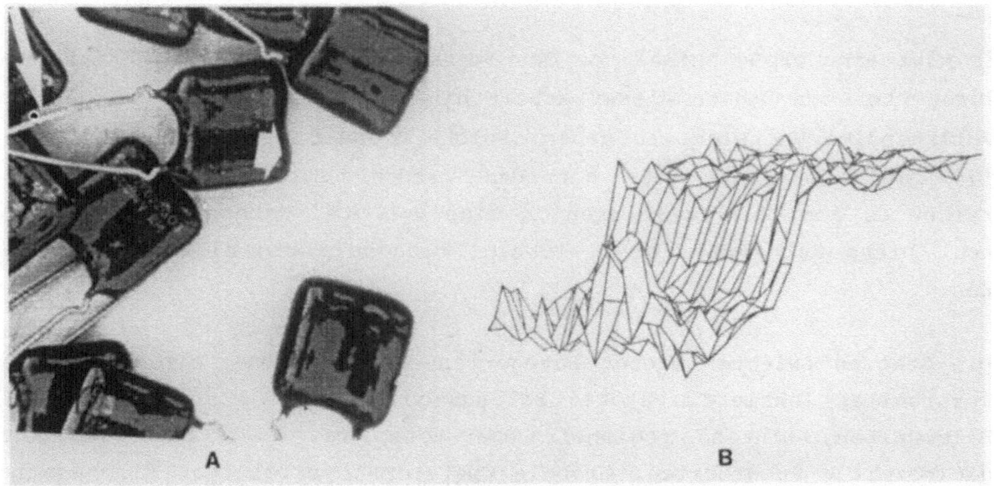

Bild 2.1.1-1: Die 3-dimensionale Struktur einer Kante
         A - Grauwertbild
         B - dreidimensionale Struktur

die eine Grenzlinie zwischen zwei benachbarten Regionen bildet;
schneidet man eine solche Kante quer zu ihrer Längsrichtung, so
wollen wir unter den Punkten dieses Querschnittes ein "Kantenelement" verstehen. Allgemeiner gesagt, ist ein Kantenelement ein lokaler Ausschnitt einer Kante. Der Vorgang der Kantendetektion liefert
in den meisten Fällen zunächst nur Kantenelemente. Grundsätzlich
kann mit Hilfe der Kantendetektion folgende Information über ein
Kantenelement extrahiert werden:

- die lokale Orientierung von Kantenelementen;
- die Stärke von Kantenelementen;
  diese entspricht dem Helligkeitskontrast zwischen den beiden
  Regionen neben der Kante;
- die Breite der Kantenelemente;
  da Kanten keine ideale Stufenform haben, kann diese Breite
  beachtlich variieren;
- die Plazierung eines Repräsentanten für das Kantenelement;
  da Kanten eine schwankende Breite haben, muß man festlegen, an
  welchem Punkt das Kantenelement zu plazieren ist;
- die Polarität des Kantenelementes:
  d.h. welche der beiden Nachbarregionen ist heller, welche dunk-
  ler?
- ein mittlerer Grauwert des Kantenelementes;
- die (mittleren) Grauwerte der beiden Nachbarregionen.

Es gibt eine große Anzahl von Operatoren für die Kantendetektion. Es
würde über den Rahmen dieser Arbeit hinausgehen, hier eine möglichst
vollständige Übersicht zu geben. Solche Übersichten können in /Davis
'75/ und /Levialdi '80/ gefunden werden. Für unsere Erörterung
reicht es aus, die Operatoren in eine von drei Kategorien einzuord-
nen. Diese Kategorien sind: lokale, regionale und globale Operatoren.

Die Grenzen zwischen diesen Kategorien sind fließend; typischerweise
verarbeiten lokale Operatoren Bildausschnitte von 2 x 2 oder 3 x 3
Bildpunkten, während regionale Operatoren ca. 25 x 25 Bildpunkte
gleichzeitig verarbeiten. Globale Operatoren verarbeiten die gesamte
Bildfunktion auf einmal; es handelt sich dabei in der Regel um
Transformationen in den Ortsfrequenzbereich, in dem dann die gewünschte Operation durchgeführt wird. Es sei hier vorweggenommen,
daß für eine Echtzeitverarbeitung in erster Linie die lokalen Opera-

toren in Frage kommen. Regionale Operatoren liefern zwar häufig bessere Ergebnisse, sind aber in ihrem Rechenaufwand um einen Faktor 10 - 100 anspruchsvoller und deshalb kaum für eine Echtzeitverarbeitung geeignet. Es gibt eine Reihe von Ansätzen für schnelle Verfahren von Transformationen in den Frequenzbereich (unter anderem die 'Fast Fourier Transform" (FFT) oder optische Methoden der Fourier-Transformation), die jedoch bisher für praktische Bildsensoren sehr selten angewendet wurden. Deswegen werden im folgenden lediglich die lokalen Operatoren ausführlicher dargestellt.

Ein besonders einfacher lokaler Operator (und historisch gesehen der erste Kantendetektor) ist das sogenannte "Roberts Kreuz", nach seinem Autor /Roberts '65/. Bei diesem Operator handelt es sich im wesentlichen um eine Approximation des Gradienten der Bildfunktion. Um die rechenintensive Berechnung der Quadratwurzel zu vermeiden, wird das Roberts Kreuz, R(i,j), meistens durch Gl. (2.1.1-1) berechnet (vgl. Bild 2.1.1-2):

$$\text{(2.1.1-1)}$$

$$R(i,j) = \left| g(i,j) - g(i+1,j+1) \right| + \left| g(i,j+1) - g(i+1,j) \right|$$

Dabei ist g(i,j) der Grauwert der Bildfunktion für den Bildpunkt (i,j).

Man sieht aus (2.1.1-1), daß die Änderung des Grauwertes in einem 2x2 Bildfenster berechnet wird, indem die Differenz der Grauwerte über Kreuz erfaßt wird. Dies ist ein typisches Beispiel für lokale Operatoren: Bildpunkte in einem kleinen Bereich werden durch lineare oder nicht-lineare Operationen miteinander verknüpft. Charakteristische Beispiele für solche Operatoren sind: der Sobel Operator /Tenenbaum et al. '69/, der Prewitt Operator /Prewitt '70/, Kompaß-Masken /Robinson '77/ oder orthogonale Masken-Operatoren /Frei & Chen '77/.

i,j	i+1,j
i,j+1	i+1,j+1

Bild 2.1.1-2: Bildpunkte, die vom Roberts Kreuz erfaßt werden

Der recht häufig benutzte Sobel-Operator ist auf einem 3 x 3 Bildausschnitt definiert (Bild 2.1.1-3). Sein Wert $S(i,j)$ ergibt sich aus Gl. (2.1.1-2):

$$S(i,j) = \sqrt{S_i^2 + S_j^2} \qquad (2.1.1-2)$$

Dabei ist: $\qquad$ (2.1.1-3)

$$S_i = [g(i+1,j-1) + 2g(i+1,j) + g(i+1,j-1)]$$
$$- [g(i-1,j-1) + 2g(i-1,j) + g(i-1,j+1)]$$

und: $\qquad$ (2.1.1-4)

$$S_i = [g(i-1,j-1) + 2g(i,j-1) + g(i+1,j-1)]$$
$$- [g(i-1,j+1) + 2g(i,j+1) + g(i+1,j+1)]$$

i-1,j-1	i,j-1	1+1,j-1
i-1,j	i,j	i+1,j
i-1,j+1	i,j+1	i+1,j+1

Bild 2.1.1-3: Bildpunkte, auf denen der Sobel-Operator definiert ist.

Man ersieht aus diesen Gleichungen, daß $S(i,j)$ durch gemittelte, gewichtete Differenzen über Zeilen und Spalten berechnet wird. Aufgrund der Mittelung der Werte ist der Sobel-Operator im Vergleich zum Roberts Kreuz bei leicht erhöhtem Aufwand weniger störanfällig. Aus Aufwandsgründen wird oft anstelle der Wurzel der Absolutbetrag in (2.1.1-2) verwendet.

Kompaß-Operatoren und orthogonale Masken-Operatoren stellen eine verallgemeinerte Form von 'impliziten' Kantendetektoren dar: Die Stufenform der Kante wird in verschiedenen Richtungen implizit durch die Gewichtung der Bildelemente vorgegeben und mit der Bildfunktion durch eine Faltungs-Operation verglichen. Je nach Operator werden 2 - 8 verschiedene Masken (und damit Kantenorientierungen) ausgewertet.

Als Ergebnis erhält man bei vielen Operatoren:

1) die Stärke der Kante (= Kontrast)
2) die Richtung der Kante (= Maske, für die das Maximum erreicht
   wurde).

Ein Beispiel für einen solchen Operator sind die Kompaß-Masken,
deren erste vier Matrizen in Bild 2.1.1-4 gegeben sind. Im Prinzip
reicht es aus, diese ersten vier Masken zu berechnen, da aus dem
Vorzeichen hervorgeht, ob es sich um eine (beispielsweise) Nord-
oder Süd-Maske handelt.

Die Richtung des Kantenelementes ergibt sich jeweils aus derjenigen
Maske, für die der Operator den maximalen Wert annimmt. Insofern
sind die lokalen Operationen eng mit den regionalen Operatoren
verwandt; bei den regionalen Operatoren spricht man in der Literatur
häufig von 'optimalen' Operatoren. Hier wird die Stufenform einer
Kante explizit in einer Modellfunktion dargestellt. Durch Veränderung der Modellparameter und Vergleich mit den Bilddaten wird ein
'optimales' (nach einem vorgegebenen Fehlerkriterium) Kantenelement
ermittelt. Typischerweise wird ein solches optimales Kantenelement
in einem Bildausschnitt von ca. 25 x 25 Bildpunkten ermittelt. Es
gibt jedoch durchaus 'optimale' Operatoren, die auf einem Fenster
von 2 x 2 Bildpunkten arbeiten. Der erste regionale und optimale
Operator war der Hueckel-Operator, der auf einem kreisförmigen Bildfenster definiert ist /Hueckel '71/. Im Prinzip handelt es sich beim
Hueckel-Operator um eine polare Fourier-Reihenentwicklung, wobei
lediglich 8 Glieder ausgewertet werden. Seit Erscheinen dieses Operators sind verschiedene Modifikationen entwickelt worden, die z.T.
auf wesentlich kleineren (quadratischen) Bildausschnitten definiert
sind /Mero & Vassy '75/, /O'Gorman '78/, /Burow & Wahl '79/, um nur
einige zu nennen.


```
 1  2  1     2  1  0     1  0 -1     0 -1 -2
 0  0  0     1  0 -2     2  0 -2     1  0 -1
-1 -2 -1     0 -1 -2     1  0 -1     2  1  0

 N          NW           W          SW        .......
```

Bild 2.1.1-4: Kompaß-Masken für N = Nord, ...

Globale Operatoren verwandeln das Bild zunächst in eine Darstellung im Ortsfrequenzbereich. Bei einer Darstellung im Frequenzbereich ist es möglich, bestimmte Anteile des Frequenzspektrums hervorzuheben und andere Anteile zu unterdrücken. Kanten entsprechen hohen Ortsfrequenzen. Eine Kantendetektion kann deshalb im Frequenzbereich mit Hilfe eines Hochpasses vorgenommen werden /Rosenfeld & Kak '76/. Neben dem Hochpaß sind andere Filter möglich; ein Beispiel ist etwa ein WIENER-Filter /Fries & Modestino '77/.

Unter der Vielzahl der bekannten Kantendetektoren erscheinen insbesondere die lokalen Operatoren für eine Echtzeitverarbeitung interessant, da sie mit vertretbarem Aufwand durch Hardware in FS-Geschwindigkeit realisiert werden können. Aufgrund der lokalen Berechnungen ist das Ergebnis solcher Operatoren allerdings fehlerbehaftet. Bild 2.1.1-5 zeigt ein Beispiel für das Ergebnis einer Kantendetektion mit dem Sobel-Operator (der einer der einfachsten, aber auch robustesten Kantendetektoren ist).

Auf der Ebene der Kantendetektion treten vier verschiedene Arten von Fehlern auf.

1) <u>Rauschen:</u> Die Bildfunktion weist neben dem Signalanteil stets einen Rauschanteil auf, der bei der Kantendetektion zu einer Vielzahl von Pseudo-Kantenelementen führt. Diese haben zwar meist nur sehr geringe Werte, müssen aber doch beseitigt werden. Wenn man einfach Elemente geringer Kantenstärke mit Hilfe eines Schwellwertes unterdrückt, werden gleichzeitig auch echte, schwache Elemente fälschlicherweise beseitigt.

2) <u>Verschmierte Kanten:</u> Wie bereits oben erwähnt, kann die Breite eines Kantenelementes beachtlich variieren. Wenn ein Kantenelement mehrere Bildpunkte breit ist, liefert die Kantendetektion mehrere Punkte als Ergebnis, so daß man nicht weiß, wo das Kantenelement eigentlich zu plazieren ist.

3) <u>Lückenhafte Kanten:</u> Genau das umgekehrte Problem liegt vor, wenn ein Kantenelement zu wenig ausgeprägt ist. Dann liefert die Kantendetektion entweder gar kein Ergebnis oder Ergebnisse mit einer sehr kleinen Kantenstärke. Als Folge entstehen meistens Lücken in den Kanten.

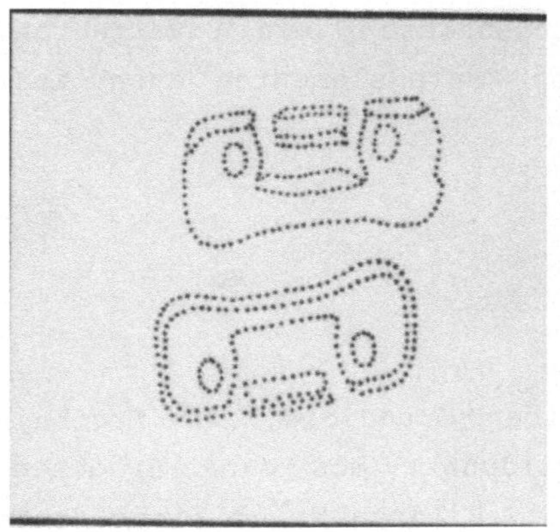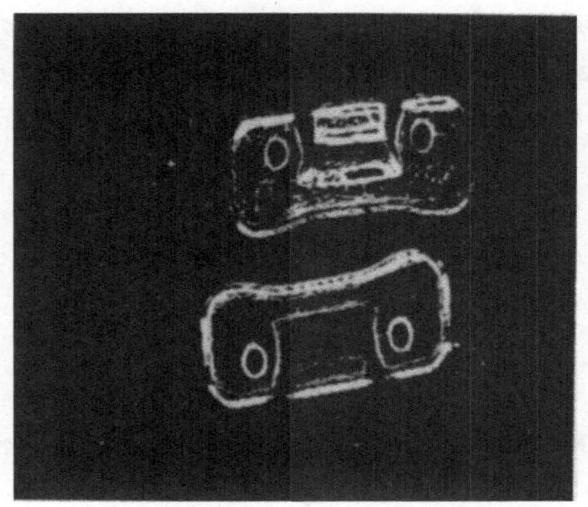

Bild 2.1.1.-5: Lokale Kantendetektion mit dem Sobel-Operator
    A - Grauwertbild
    B - Ergebnis des Sobel-Operators
    C - Gradientenbild nach Schwellwert g=40
    D - "ideale" Konturpunkte

4) <u>Fehlplazierte Kantenelemente:</u> Je nach Art des verwendeten Kantendetektors wird <u>ein</u> Bildpunkt zum Platzhalter des Kantenelementes gewählt. Bei Fehlplazierungen kann der Zusammenhang einer Kante verloren gehen - nämlich dann, wenn die Platzhalter im Zickzack entlang der Kante verteilt sind. Es kann dann für die Linienverfolgung sehr schwierig werden, eine solche zerrissene Kante zu verfolgen.

Das Auftreten aller dieser Fehler macht es notwendig, eine <u>Nachverarbeitung</u> vorzunehmen, die Rauschen unterdrückt, Linien verdünnt und gleichzeitig Lücken schließt. Dabei ist zu beachten, daß der zeitliche Aufwand so gering sein muß, daß eine Echtzeitverarbeitung nach wie vor möglich ist.

Eine der einfachsten Techniken der Nachverarbeitung ist die Unterdrückung von Punkten mit einem Schwellwert. Das bedeutet, daß alle Bildpunkte, deren Kantenstärke unter einem vorgegebenen Schwellwert liegt, in ihrem Kantenwert zu Null gesetzt werden. Damit wird zwar das Rauschen beseitigt, aber gleichzeitig auch echte Kantenelemente mit kleinen Kantenstärken beseitigt. Außerdem wird dadurch weder eine Linienverdünnung noch das Auffüllen von Lücken vorgenommen. Bei diesem Verfahren wird jeder Bildpunkt für sich, isoliert von allen anderen Punkten, betrachtet. Bessere Ergebnisse liefern Verfahren, die zumindest den lokalen Kontext eines Kantenelementes ausnutzen. Drei Beispiele solcher Verfahren sind:

- Unterdrückung von Nicht-Maxima;
- Analyse des lokalen Zusammenhanges;
- Relaxation.

Alle drei Techniken beruhen auf derselben Grundidee. Das Ergebnis der Kantendetektion wird für jeden Bildpunkt als eine Hypothese aufgefaßt, die besagt, ob der betreffende Bildpunkt auf einer Kante liegt oder nicht. Wenn die Ergebnisse benachbarter Bildpunkte diese Hypothese unterstützen, so wird sie verstärkt; anderenfalls abgeschwächt. Die drei oben genannten Techniken unterscheiden sich allerdings in der Art und Weise, in der die Umgebung auf die Ergebnisse einwirkt.

Bei der Unterdrückung von Nicht-Maxima werden benachbarte Bildpunkte _quer_ zur Kantenrichtung betrachtet /Rosenfeld & Thurston '71/, /Riseman & Arbib '77/, /Prager '80/. Wenn eines der benachbarten Elemente einen höheren Wert für die Kantenstärke hat als das aktuelle Element, so wird dieses unterdrückt. Auf diese Weise bleiben nur maximale Werte innerhalb von lokalen Nachbarschaften übrig. Im Gegensatz zum Schwellwertverfahren "überleben" aber auch Kantenelemente geringer Stärke, solange sie lokale Maxima darstellen. Diese Technik unterdrückt damit Rauschen zum großen Teil, außerdem werden die entstehenden Linien verdünnt, weil das Verfahren quer zur Linie arbeitet. Das Problem des Lückenfüllens wird damit jedoch nicht behoben, und das Problem der Fehlplazierungen kann noch verschlimmert werden.

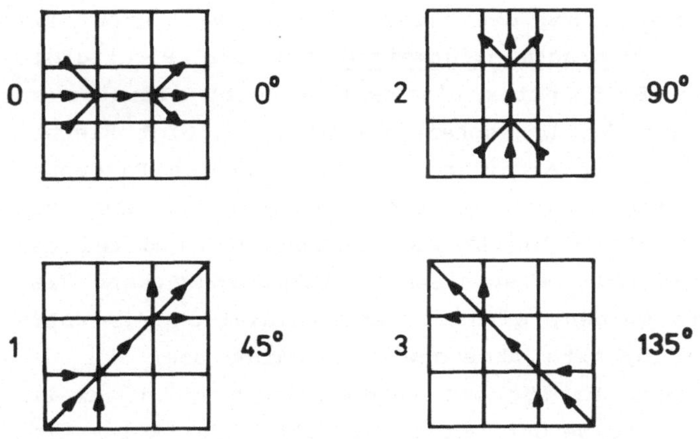

Bild 2.1.1-6: Prüfmasken für lokalen Zusammenhang

Die zweite Technik arbeitet genau umgekehrt, nämlich entlang der Kante. Bei der Analyse des lokalen Zusammenhangs wird in einem 3 x 3 Bildausschnitt die Fortsetzung von Kantenelementen geprüft. Wenn Fortsetzungen in Richtung des Kantenelementes vorhanden sind, so wird der betrachtete Bildpunkt als Kantenelement bestätigt; andernfalls verworfen. Bild 2.1.1-6 zeigt Beispiele für die Prüfmasken in einem 3 x 3 Bildausschnitt. Beim Verfahren von /Robinson '77/, /Robinson & Reis '77/ wird zusätzlich gefordert, daß auch die Kantenstärken ähnlich sind und über einem - adaptiven - Schwellwert liegen. Nur wenn alle drei Bedingungen erfüllt sind, wird der Bildpunkt in eine binäre "Kantenkarte" eingetragen. Es ist offensichtlich, daß durch diese Technik zusammenhängende Kantensegmente aus den Daten extrahiert werden; das Verfahren ist damit einer einfachen Schwellwerttechnik überlegen. Da es sich um die Kombination einfacher Operationen handelt, läßt sich das Verfahren in Echtzeit anwenden. Allerdings werden Linien nur bedingt verdünnt und Lücken werden damit nicht geschlossen. Insbesondere bei fehlplazierten Kantenelementen bietet dieser Ansatz keine Hilfe, da solche Elemente sofort (mangels Fortsetzung) eliminiert werden.

Beide bisher besprochenen Techniken, die Unterdrückung von Nicht-Maxima und die Zusammenhangsanalyse, arbeiten in einem einzigen Schritt. Die Information, die in eliminierten Bildpunkten enthalten ist, geht dabei verloren. Die dritte Technik, Relaxation, macht hingegen Gebrauch von dieser Information. In gewisser Weise ist die

Relaxation eine Verallgemeinerung der beiden anderen Verfahren. Die Grundidee besteht darin, <u>Wahrscheinlichkeiten</u> für die Richtigkeit der Interpretation eines Bildpunktes als Kantenelement iterativ zu verändern. Die Veränderung der Wahrscheinlichkeiten erfolgt hierbei in Abhängigkeit von den Interpretationen der benachbarten Bildpunkte. Diese Veränderung kann sowohl zu einer Verstärkung als auch einer Abschwächung der Wahrscheinlichkeiten führen. Während bei der Unterdrückung von Nicht-Maxima beispielsweise lokal schwächere Elemente einfach eliminiert werden, wird bei der Relaxation die Wahrscheinlichkeit dieser Bildpunkte abgeschwächt, dafür aber die des lokalen Maximums angehoben. Da für das Anheben/Abschwächen jeweils die Kantenstärken als Maß verwendet werden, wird bei der Relaxation gewissermaßen die Kantenstärke einer Umgebung im jeweils besten Kantenelement gesammelt.

Relaxationsverfahren arbeiten iterativ; typischerweise werden 5 - 10 Iterationen vorgenommen. Es wird davor gewarnt, mehr als 10 Mal zu iterieren, da die Ergebnisse manchmal anfangen, zu oszillieren. Prinzipiell kann die Relaxation als Parallelverarbeitung realisiert werden, d.h. man kann die Veränderung der Wahrscheinlichkeit als eine lokale Operation vornehmen. <u>Eine</u> Möglichkeit der Realisierung von Relaxationsverahren sieht folgendermaßen aus: Das Ergebnis einer Kantendetektion für einen Bildpunkt wird durch eine symbolische Marke ausgedrückt. Als mögliche Marken definiert man:

    H - horizontale Kante
    V - vertikale Kante
    L - linke Diagonale
    R - rechte Diagonale
    N - kein Kantenelement (Null)

Solche Marken können von verschiedenen Kantendetektoren bestimmt werden. Hat man für einen Bildpunkt eine dieser Marken ermittelt, so weist man ihr eine Wahrscheinlichkeit zu, die proportional zur Kantenstärke ist. Die Veränderung der Wahrscheinlichkeit einer Marke ergibt sich dann aus der Betrachtung der Marken benachbarter Bildpunkte. Die Nachbarschaft wird durch eine Maske definiert. Zwischen benachbarten Marken werden je nach relativer Lage gewisse Kompatibilitäten oder Inkompatibilitäten ausgedrückt. Diese geben an, in welcher Weise und um welchen Betrag die Wahrscheinlichkeit einer Marke zu verändern ist. Nach dieser Veränderung ist jeweils eine

Normierung vorzunehmen, die garantiert, daß die Summe der Wahrscheinlichkeiten von Marken für einen Bildpunkt stets gleich Eins ist.

Bild 2.1.1-7 zeigt ein Beispiel für die Kompatibilität von Marken
zwischen direkten Nachbarn einer horizontalen Marke. Man sieht, daß
das Auftreten von horizontalen Marken rechts und links von der
untersuchten Marke zu einer Verstärkung der Wahrscheinlichkeit
führt, während das Auftreten von parallelen horizontalen Marken eine
Abschwächung zur Folge hat. Eine solche Vorgehensweise kann in
vielen Fällen die gewünschten Effekte erzielen, d.h. Rauschen unterdrücken, Linien verdünnen, Lücken schließen und Fehlplazierungen
korrigieren. Insgesamt sind die resultierenden Bilder nach mehreren
Iterationen von besserer Qualität als die Eingangsbilder; trotz
allem bleiben jedoch in der Regel noch Fehler übrig. Für weitere
Details über Relaxationsverfahren siehe /Rosenfeld, Hummel & Zucker
'76/, /Zucker, Hummel & Rosenfeld '77/, /Rosenfeld '77/, /Riseman &
Hanson '78/, /Riseman & Arbib '77/, /Prager '80/ oder /Perkins '80/.

Es ist wichtig zu verstehen, daß auch nach der Nachverarbeitung
lediglich eine Punktmatrix vorliegt, selbst wenn der menschliche
Betrachter bereits klare Linien sieht. Erst der nächste Verarbeitungsschritt, die Linienverfolgung, verknüpft zusammengehörige
Punkte zu Linien oder Linienabschnitten. Die Linienverfolgung ist
sicherlich eines der schwierigsten Probleme in der Bildanalyse.
Während es für die Kantendetektion eine Unzahl von Operatoren gibt,
stehen für die Linienverfolgung nur relativ wenige Verfahren zur

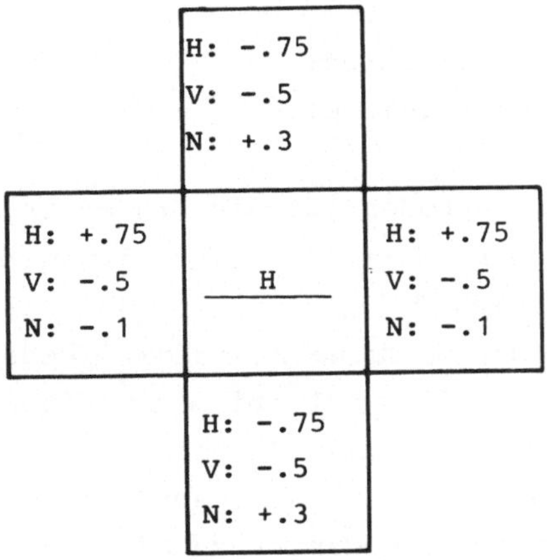

Bild 2.1.1-7: Kompatibilität von Marken

Verfügung. Diese können ebenfalls in 3 Kategorien eingeteilt werden
(andere Klassifizierungen sind selbstverständlich möglich):

- lokale Methoden
- globale Methoden
- iterative Methoden.

Lokale Methoden verbinden Kantenelemente schrittweise, indem sie bei
einem ausgeprägten Startelement beginnen und jeweils nach einem
guten Fortsetzungselement in der direkten Nachbarschaft suchen /Ro-
senfeld & Kak '76/, /Korn '78/. Als Startelement kann z.B. ein
Kantenelement hoher Kantenstärke verwendet werden. Für die Fortsetzung werden Kantenelemente ähnlicher Stärke und Richtung verwendet.
Die Verfolgung einer Linie wird abgebrochen, wenn man kein gutes
Fortsetzungselement mehr findet. Die Güte der Fortsetzung kann z.B.
berechnet werden, indem man die mittlere Stärke und Richtung der
bisher gefundenen Linie/Kante nach jedem Punkt neu berechnet und mit
möglichen Fortsetzungspunkten vergleicht. Wenn keine Fortsetzung
mehr möglich ist, wird nach einem neuen Startpunkt gesucht. Lokale
Verfahren lassen in der Regel Sprünge über kleine Lücken zu. Sie
sind trotzdem störanfällig und extrahieren häufig nur relativ kurze
Linienabschnitte, die dann weiter zusammengesetzt werden müssen. Ein
weiteres lokales Verfahren macht dies zum Prinzip, indem zunächst
jeweils nur Punktpaare miteinander verknüpft werden. Die so entstehenden "Striche" werden dann nach und nach zu längeren Linien verbunden /Slansky '78/, /Nevatia & Babu '79/.

Unter den globalen Methoden können zwei verschiedene Ansätze unterschieden werden:

1) Suchverfahren, die eine "Gütefunktion" optimieren;
2) Transformationstechniken und Schablonenvergleiche.

Bei den Suchverfahren wurden verschiedene Methoden für die Linienverfolgung untersucht: die heuristische Suche /Martelli '72/, dynami-
sches Programmieren /Montanari '71/, /Ehrich '77/, minimale Kosten-
bäume /Ashkar & Modestino '78/, und die Locus-Suche /Yachida, Ikeda
& Tsuji '79/. Bei diesen Suchverfahren wird das Problem in einer
Baumstruktur dargestellt, wobei die Nachfolger eines Knotens jeweils
mögliche Fortsetzungen von einem gegebenen Endpunkt aus repräsentie-
ren. Gesucht ist ein Pfad durch den Baum von der Wurzel zu einem der

Blätter, wobei gefordert wird, daß dieser Pfad entweder eine Gütefunktion optimiert oder eine Kostenfunktion minimiert. Es ist also
notwendig, eine Güte- oder Kostenfunktion zu definieren, die zu
guten Linien im Bild führt. In anderen Worten: Die gesuchte Linie muß
auch tatsächlich dem optimalen Pfad entsprechen. Die Definition
einer solchen Funktion ist häufig sehr schwierig.

Abgesehen von verschiedenen Güte- oder Kostenfunktionen unterscheiden sich die Suchverfahren in der Art, wie der Baum abgearbeitet
wird. Man kann z.B. Pfade zuerst in die Tiefe verfolgen (Tiefensu-
che), oder statt dessen zunächst alle Alternativen eines Knotens
untersuchen (Breitensuche). Wichtig bei Suchverfahren ist die Be-
schränkung der Suche auf einen möglichst kleinen Teil des Suchbaumes, da sonst der Aufwand extrem groß wird. Dies kann allgemein ein
Nachteil von Suchverfahren sein. Ein kritischer Punkt der Suchverfahren ist die Rücksprungtechnik, die verwendet wird, falls ein unter-
suchter Pfad nicht zum Erfolg führt. Ungeschickte Rücksprungstrate-
gien können zu einem zeitaufwendigen Verhalten des Verfahrens führen
und es damit für eine Echtzeitverarbeitung ungeeignet machen.
Unter den Transformationstechniken für die Linienverfolgung erscheint die Hough-Transformation am wichtigsten. Diese Transformation überträgt Bildpunkte, die auf Linien liegen (können), in einen
zweidimensionalen Parameter-Raum; Häufungspunkte in diesem Raum
weisen auf kollineare Punkte und damit auf Linien bestimmter Parameter hin /Iannino & Shapiro '78/. Die Grundidee dieser Transformation
ist sehr einfach. Stellt man Geraden in ihrer parametrischen Form
(2.1.1-5) dar und quantisiert man die Steigung ϕ und den Abstand d
in diskrete Werte, so läßt sich für jeden gegebenen Punkt angeben,
auf welchen Geradenscharen er liegen könnte.

$$x \cos(\phi) + y \sin(\phi) = d \qquad\qquad (2.1.1-5)$$

Die Bedeutung von ϕ und d ergibt sich aus Bild 2.1.1-8.

Trägt man die Anzahl der Punkte, die bestimmte Wertepaare (ϕ, d)
erfüllen, auf, so erhält man ein zweidimensionales Histogramm.
Dieses stellt den oben erwähnten Parameter-Raum dar, aus dessen
Häufungspunkten die Existenz bestimmter Linien abgelesen werden
kann. Mit Hilfe der Hough-Transformation kann also ein Linienverfol-
ger gelenkt werden. Es kann gezeigt werden, daß die Hough-Transformation einem Schablonenvergleich entspricht /Stockman & Agrawala '76/.

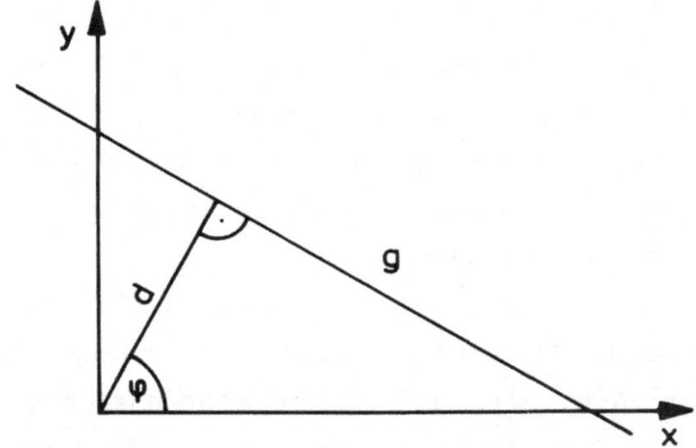

Bild 2.1.1-8: Vektor-Darstellung
einer Geraden

Die Hough-Transformation läßt sich auf alle Kurven verallgemeinern,
die parametrisch vorgegeben werden können. Es muß allerdings betont
werden, daß die Hough-Transformation lediglich Punkte liefert, die
auf ausgewählten Kurven/Geraden liegen. Diese müssen nach der Rück-
transformation in den Bildraum noch miteinander verknüpft werden.

Die bisher besprochenen Verfahren der Linienverfolgung machen lediglich Gebrauch von Informationen, die direkt aus dem Bild extrahiert
werden können. Falls a-priori-Information über mögliche Objekte im
Bild vorliegt, kann diese verwendet werden, um die Linienverfolgung
zu lenken. Dies wird bei iterativen Verfahren angewandt: Nachdem
besonders starke Linien aus dem Bild extrahiert sind, können diese
Objektmodellen zugeordnet werden /Shirai '78/. Die Modelle steuern
dann die weitere Linienverfolgung, indem sie vorhersagen, wo weitere
(feinere) Linien zu suchen sind. Ein solcher Ansatz ist in der Regel
sehr speziell, erfordert hohen Verarbeitungsaufwand und führt nicht
immer zum gewünschten Ergebnis.

Insgesamt muß gesagt werden, daß der Stand der Technik der Linienver-
folgung noch weit davon entfernt ist, zuverlässige und richtige
Ergebnisse zu liefern. Bild 2.1.1-9 zeigt ein Beispiel für die
Probleme, die man typischerweise bei der Linienverfolgung hat: Die
Linien sind zu kurz oder zu lang, sie haben nicht die richtige
Richtung, sind nur fragmenthaft vorhanden oder treten doppelt auf.

Aus diesen Gründen ist es notwendig, eine weitere Nachverarbeitung
anzuschließen, die die Ergebnisse der Linienverfolgung bereinigt.
Durch diese Nachverarbeitung werden kurze Linienelemente beseitigt
oder zu längeren Linien verknüpft, soweit dies möglich ist. Ab-

 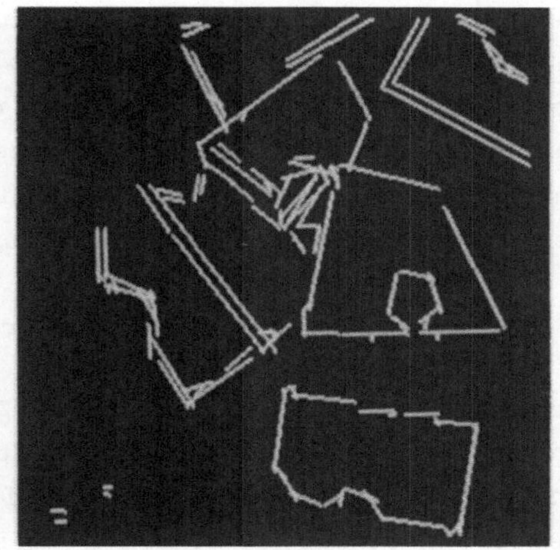

Bild 2.1.1-9: Linienverfolgung
          A - Grauwertbild
          B - Extrahierte Linien /Korn '78/

schließend müssen diese Segmente durch Geraden- oder Kurvenabschnitte parametrisch repräsentiert werden. Hier werden Ausgleichsgeraden berechnet oder Kurven angepaßt. Als Ergebnis erhält man schließlich eine Liste von Konturlinien, die das Ergebnis der Segmentation über den Kontur-Ansatz darstellen.

Wie gut ist der Kontur-Ansatz für praktische Anwendungen geeignet? Erinnern wir uns daran, daß die Praktikabilität von Bildsensoren im wesentlichen von drei Faktoren abhängt: Fähigkeit zur Echtzeitverarbeitung, Wirtschaftlichkeit und Zuverlässigkeit.

Betrachten wir kurz die Praktikabilität dieses Segmentations-Ansatzes. Mit der heute vorhandenen Mikro-Elektronik können in erster Linie lokale Operationen so realisiert werden, daß sie in Echtzeit ablaufen. Dies ist darin begründet, daß bei lokalen Operationen nur relativ wenig Daten verarbeitet werden müssen. In der Tat gibt es eine Reihe von Ansätzen, zumindest für die Kantendetektion spezielle Hardware zu entwickeln. Beispiele sind: Ein Baustein in CCD Technologie für den Sobel-Operator /Nudd et al. '77/; ein multifunktionaler Baustein für einen 3x3 Laplace-Operator, eine 5x5 programmierbare Transformation, ein 5x5 Median-Filter, eine 7x7 programmierbare Transformation und ein bipolares Faltungsfilter für 26x26 Bildpunkte

/Nudd et al. '79/; eine TTL-Schaltung für die on-line Berechnung des Gradienten /Zurcher '79/; eine Entwicklung des Jet Propulsion Laboratory (NASA) für die Berechnung des Gradienten, die Konstruktion einer "Kantenkarte" und die Nachverarbeitung in einer 8x8 Nachbarschaft /Eskenazi & Wilf '79/; und die Untersuchung von VLSI Technologien für die Realisierung von Bildverarbeitungsalgorithmen /Eversole et al. '79/. Alle angeführten Entwicklungen arbeiten mit FS-Geschwindigkeit und sind daher fähig zur Echtzeitverarbeitung.

Auch für die Nachverarbeitung der Kantendetektion wird an Entwicklungen gearbeitet, die eine Echtzeitverarbeitung vornehmen. Beispiele sind: die Entwicklung einer Einheit für die lokale Zusammenhangsanalyse bei Northrop /Robinson & Reis '77/; die Entwicklung zellulärer Strukturen für die Realisierung von Relaxationsverfahren /Willett et al. '79/; die Entwicklung einer Histogramm-Prozessors für die Auswertung der Richtung von Kantenelementen, der die Extraktion gerader Linien vorbereitet /Birk, Kelley et al. '80/.

Das schwierigste Problem ist die Linienverfolgung. Zum augenblicklichen Zeitpunkt ist keine Entwicklung bekannt, die die Echtzeitverarbeitung einer Linienverfolgung unterstützt. Ein Schritt in die richtige Richtung für die Implementierung von Suchverfahren mag die Entwicklung eines 'Symbolic Processing Algorithm Research Computer' (SPARC) sein /Allen & Juetten '78/. Zum Zeitpunkt des Schreibens befindet sich diese Entwicklung aber noch im Anfangsstadium, und ihr Nutzen für die Echtzeit-Linienverfolgung ist schlecht abzuschätzen.

Damit wird folgendes deutlich: Zwar können einige Schritte der Kontur-Segmentation in Echtzeit vorgenommen werden, aber selbst dies wird nur durch spezielle Hardware möglich gemacht. Dabei handelt es sich zur Zeit um teuere Entwicklungen, die noch nicht wirtschaftlich einzusetzen sind. Darüber hinaus ist es heute nur möglich, kontrastreiche, ausgeprägte Konturen zuverlässig zu extrahieren. Insgesamt kann über den Kontur-Ansatz gesagt werden: Es handelt sich um ein aufwendiges Verfahren, das eine Feinabstimmung vieler Parameter und den Einsatz von spezieller, aufwendiger Hardware notwendig macht. Obwohl an der Entwicklung solcher Hardware intensiv gearbeitet wird (vor allem in den USA und in Japan), sind wir von einer Anwendbarkeit in praktischen Fällen noch weit entfernt. Andererseits sei vermerkt, daß der Kontur-Ansatz in vielen Fällen die einzige Lösung für eine Segmentation ist und deshalb auf lange Sicht immer mehr an Bedeutung gewinnen wird.

2.1.2 Segmentation durch Regionen

Die Alternative zum Kontur-Ansatz ist die Zerlegung des Bildes in Regionen, wobei für jeden Bildpunkt angegeben wird, zu welcher Region er gehört. Auch bei diesem Ansatz erfolgt die Segmentation in vier Schritten: Punkt-Selektion, Nachverarbeitung, Zusammenhangsanalyse und Repräsentation der Ergebnisse. Hierbei entspricht die Punkt-Selektion der Kantendetektion und die Zusammenhangsanalyse der Linienverfolgung. Für den Regionenansatz ist eine umfangreiche Klasse von Algorithmen entwickelt worden, die unter dem Stichwort "Flächenwachstum" zusammengefaßt werden. Die Grundidee besteht darin, zunächst das Bild in Zellen zu zerlegen, deren Bildpunkte homogene Grauwerte haben. Diese Initialzerlegung erfolgt mit Hilfe von Schwellwerten oder Schwellwertintervallen. In den folgenden Verarbeitungsschritten werden benachbarte Zellen ähnlicher Grauwerte miteinander verschmolzen, bis kein weiteres Zellenwachstum mehr möglich ist. Die resultierenden Zellen sind dann das Ergebnis der Segmentation.

Für das Zerlegen und Verschmelzen sind verschiedene Strategien entwickelt worden. So kann man z.B. mit sehr großen Zellen beginnen, die zunächst eine inhomogene Grauwertverteilung aufweisen, und diese nach und nach zerlegen, bis eine homogene Verteilung erreicht ist. Verschmelzen und Zerlegen von Zellen kann wechselweise erfolgen, bis die gewünschte Grauwertverteilung erreicht ist. Die Methoden des Flächenwachstums sind in der Regel recht aufwendig und - außer in Sonderfällen - nicht für praktische Industrieanwendungen geeignet. Es wird deshalb nicht weiter auf diese Verfahren eingegangen. Für weitere Einzelheiten siehe /Foith '82/.

Ein einfacher Sonderfall des Flächenwachstums liegt vor, wenn man darauf verzichtet, die Initialzerlegung auf ähnliche Grauwerte benachbarter Zellen zu untersuchen und diese Zellen zu verschmelzen. Auch hier erfolgt die Zerlegung mit Hilfe von Schwellwerten oder Schwellwertintervallen. Im einfachsten Fall wird nur ein einziger Schwellwert vorgegeben. Bildpunkten, deren Grauwert unterhalb des Schwellwertes liegen, wird dann ein Binärwert (z.B. Null für "Hintergrund") zugewiesen; Bildpunkten, deren Grauwerte oberhalb der Schwelle liegen, wird der umgekehrte Binärwert (Eins für "Figur") zugewiesen. Bild 2.1.2-1 zeigt ein Beispiel für den Effekt einer solchen Zerlegung. In vielen Fällen kann es günstiger sein, anstelle eines

Schwellwertes ein Schwellwertintervall vorzugeben. Bildpunkte, deren Grauwerte innerhalb des Intervalles liegen, werden dann als "Figur" kodiert, alle anderen als Hintergrund. Gibt man mehrere Schwellwertintervalle vor, so reicht eine binäre Kodierung ("Hintergrund/Figur") nicht mehr aus, und man muß mehrere Figur-Ebenen einführen. Jede dieser Ebenen kann jedoch wie ein Binärbild behandelt werden. Deshalb wird im folgenden lediglich der Fall eines Binärbildes behandelt.

Es müssen einige Bedingungen erfüllt sein, um einen solchen Ansatz verwenden zu können.

1) Einige der Objektoberflächen müssen homogen reflektieren;
2) es sollten keine ausgeprägten Texturen im Bild auftreten;
3) die Beleuchtung sollte homogen sein.

Diese Bedingungen sind in einer Vielzahl industrieller Anwendungen gegeben oder können durch besondere Maßnahmen erfüllt werden. Die meisten Werkstücke haben glatte Oberflächen, die homogen reflektieren. Außerdem werden diese Werkstücke meistens während des Fertigungsprozesses inspiziert, so daß sie weder verrostet noch verschmutzt sind. Da die Beleuchtung an die jeweilige Aufgabe angepaßt wird, kann man für eine homogene Ausleuchtung der Szene garantieren. In Fällen, wo dies nicht möglich ist, können Techniken einer Lokal-Adaption eingesetzt werden, die als Echtzeit-System dem Bildsensor vorgeschaltet werden /Wedlich '77/.

Betrachten wir die Verarbeitungsschritte im einzelnen. Bild 2.1.2-1 A zeigt ein Grauwertbild eines Werkstückes, das die oben genannten Bedingungen erfüllt. Eine Betrachtung des Grauwerthistogrammes zeigt, daß zwei ausgeprägte Grauwertintervalle im Bild vorliegen: Das Histogramm weist ein Häufungsgebiet für mittlere Grauwerte und ein Plateau für helle Grauwerte auf. Die mittleren Grauwerte stammen vom Hintergrund, die hellen von Reflektionen der Werkstückoberflächen. In diesem Fall muß der Schwellwert zwischen das Häufungsgebiet und das Plateau gelegt werden. Aus Bild 2.1.2-1 C wird dann deutlich wie das Bild durch einen solchen Schwellwert gewissermaßen in den Hintergrund und Figuren "zerschnitten" wird. Das entstehende Binärbild ist in Bild 2.1.2-1 D gezeigt, wobei Figuren 'Schwarz' und der Hintergrund 'Weiß' kodiert sind.

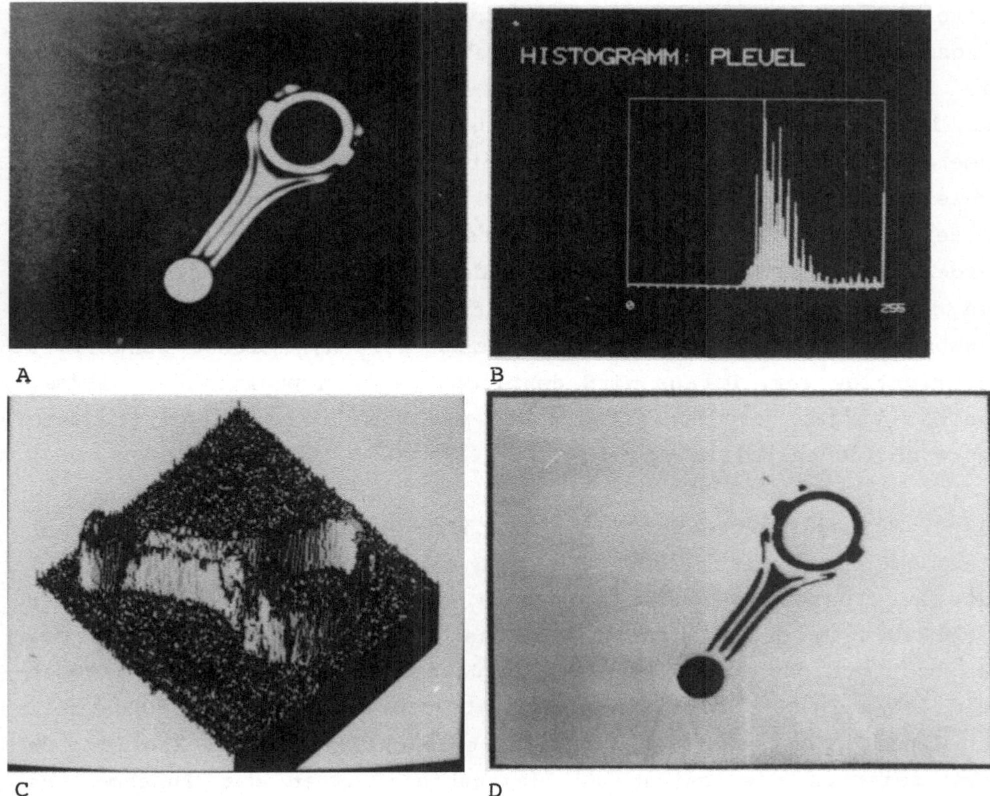

Bild 2.1.2-1: Segmentation mit einem Schwellwert

        A - Grauwertbild

        B - Grauwerthistogramm

        C - 3-dimensionaler Plot des Bildes

        D - Binärbild

Es ist offensichtlich, daß der Erfolg dieses Ansatzes weitgehend von der Wahl eines geeigneten Schwellwertes abhängt. Methoden zur Wahl von Schwellwerten haben einiges Interesse geweckt, und es gibt verschiedene Ansätze:

- feste Schwellwerte
- adaptive Schwellwerte
- Bildabhängige Schwellwerte
- Ergebnisabhängige Schwellwerte.

Feste Schwellwerte werden interaktiv vom Bediener des Bildsensors vorgegeben. Dieses Verfahren arbeitet zufriedenstellend, sofern man die Beleuchtungs- und Beobachtungs-Bedingungen kontrollieren kann (so ist es unter anderem zweckmäßig, die Blendenautomatik der FS-Kamera auszuschalten). Hin und wieder treten Fälle auf, in denen ein Schwellwert nicht für alle Werkstücklagen zufriedenstellende Binärbilder liefert. In diesen Fällen müssen mehrere Schwellen vorgegeben werden. Während der Bildanalyse wendet der Bildsensor diese Schwellen der Reihe nach an und analysiert die jeweiligen Bilder. Aus den Ergebnissen kann dann zurückgeschlossen werden, welcher Schwellwert der richtige war. Daraus wird deutlich, daß ein praktischer Bildsensor die Vorgabe der Schwelle sowohl von Hand als auch vom Prozessor her ermöglichen sollte.

Adaptive Schwellwerte werden in Abhängigkeit der Grauwerte innerhalb eines Bildausschnittes gesetzt - und zwar für jeden Bildpunkt separat. Zur Festlegung des Wertes wird entweder der mittlere Grauwert im Umkreis um den Bildpunkt berechnet /Tokumitsu et al. '78/, oder man bestimmt das Histogramm des Bildausschnittes /Nakagawa & Rosenfeld '78/. Insbesondere wenn man Histogramme mit zwei Häufungsgebieten findet, läßt sich der Schwellwert leicht ermitteln: Man legt den Wert zwischen die beiden Häufungsgebiete unter der Annahme, daß diese vom Hintergrund und der Figur herrühren. Wird der Schwellwert auf den mittleren Grauwert einer Umgebung adaptiert, so legt man den Schwellwert so fest, daß er in einem festen Abstand unter oder über dem mittleren Grauwert liegt. Adaptive Schwellwerte haben den Vorteil, daß sie insensitiv gegenüber örtlichen Schwankungen der Beleuchtung sind. Praktische Erfahrungen zeigen allerdings, daß nicht immer die gewünschten Effekte eintreten, so daß man diese Verfahren mit Vorsicht einsetzen sollte.

Bildabhängige Schwellwerte werden mit Hilfe von globalen Grauwerthistogrammen bestimmt. Bild 2.1.2-2 verdeutlicht die Grundidee dieses Ansatzes. In vielen Fällen entsprechen Häufungsgebiete in den Histogrammen zusammenhängenden Regionen im Bild. Wählt man die Schwellwertintervalle so, daß die Grauwerte eines Häufungsgebietes erfaßt werden, dann wird die entsprechende Region aus dem Bild extrahiert. Typischerweise werden die Schwellwerte in die Minima des Histogrammes gelegt (siehe Bild 2.1.2-2 A). Das klassische Beispiel für diesen Ansatz ist die Arbeit von /Ohlander et al. '78/, obwohl bei dieser Arbeit Farbbilder zugrunde gelegt wurden.

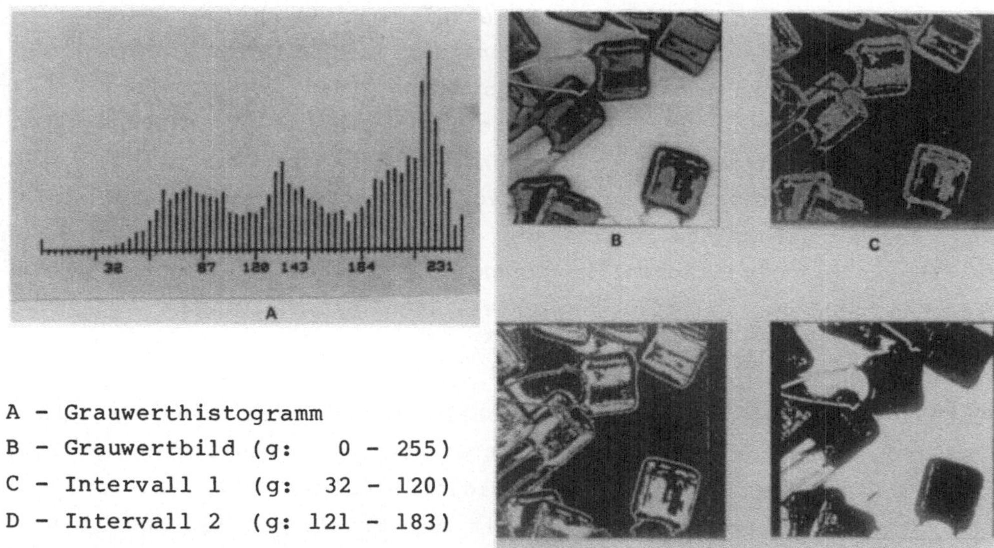

A - Grauwerthistogramm
B - Grauwertbild   (g: 0 - 255)
C - Intervall 1   (g: 32 - 120)
D - Intervall 2   (g: 121 - 183)
E - Intervall 3   (g: 184 - 255)

Bild 2.1.2-2: Histogramm-Analyse für die Bestimmung von Schwellwerten

Anstelle von Grauwerthistogrammen können auch andere Histogramme
analysiert werden, z.B. diejenigen von Kantenstärken. In diesem Fall
bestimmt man nicht die Minima, sondern die rechte Schulter des
Histogrammes an der Stelle, an der die zweite Ableitung ihr Maximum
annimmt /Baird '77/. Dies hängt mit der besonderen Form des Histogrammes der Kantenstärken zusammen (vgl. Bild 2.1.2-3). Beide Arten
der Histogrammanalyse geben Aufschluß über den Bildinhalt.

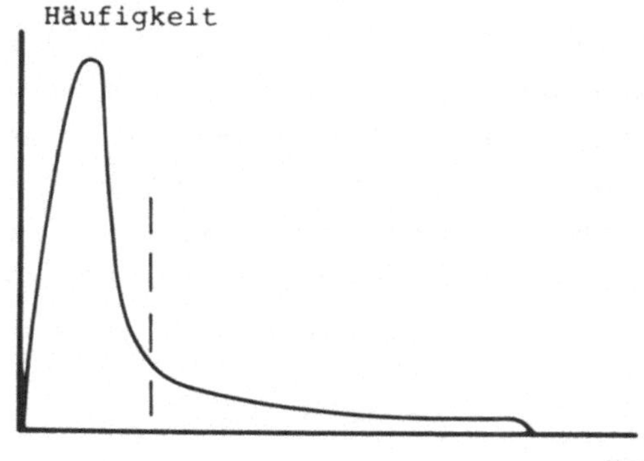

Bild 2.1.2-3: Typische Form eines Kantenstärken-Histogrammes

Noch mehr Aussagen über das Bild erhält man durch die Kombination beider Histogramme in ein zwei-dimensionales Histogramm. Hier werden Grauwerte gegen Kantenstärken aufgetragen /Panda & Rosenfeld '78/, /Milgram & Herman '79/. Grauwerte, die mit hohen Kantenstärken gepaart sind, entsprechen Konturpunkten; Grauwerte, die mit geringen Kantenstärken gepaart sind, entsprechen Punkten innerhalb der Figur oder des Hintergrundes. Durch die Analyse dieser Histogramme kann man unterschiedliche Schwellwerte entlang Konturen und innerhalb von Regionen wählen. Es wird berichtet, daß dieser Ansatz zu guten Ergebnissen führt.

Ergebnis-abhängige Schwellwerte erhält man, indem man mit einem zufällig gewählten Wert beginnt und aus dem resultierenden Bild einen neuen Schwellwert ableitet /Ridler & Calvert '78/. So wird man z.B. den Schwellwert in Abhängigkeit der erhaltenen Flächen kleiner oder größer wählen. Selbst nach der Wahl eines guten Schwellwertes werden die Ergebnisse in der Regel noch Störungen aufweisen. Solche Störungen sind:

- kleine Regionen oder isolierte Bildpunkte
- kleine Löcher
- ausgefranste Randlinien der Regionen.

Die folgende Nachverarbeitung muß deshalb kleine Regionen unterdrükken, Löcher füllen und Ränder glätten. Es gibt mehrere lokale Operatoren, die eine solche Nachverarbeitung vornehmen können. Diese Operatoren sind seit langem in der Literatur bekannt und werden häufig mit "Schrumpfen" und "Aufblasen" (oder "Erosion" bzw. "Dilatation") bezeichnet /Rosenfeld & Kak '76/. Diese Operatoren sind auch in verschiedenen Bildanalyse-Systemen als Hardware realisiert – z.B. im T.A.S. ("Textur-Analyse-System") /Kamin '74/, /Nawrath '79/; oder in anderen Systemen /Loeffler & Jäger '79/. Die Erosion entfernt von Regionen jeweils die Schicht aller Randpunkte, d.h. es werden alle diejenigen Punkte unterdrückt, die direkte Nachbarn des Hintergrundes sind. Die Dilatation arbeitet genau umgekehrt, d.h. es wird eine Schicht von neuen Randpunkten um die Region gelegt. Beide Operatoren können iterativ (und auch abwechselnd) eingesetzt werden.

Es ist offensichtlich, daß die Erosion isolierte Punkte und kleine Regionen (nach mehreren Iterationen) aus dem Binärbild entfernt.

Umgekehrt füllt die Dilatation nach und nach Löcher auf. Wenn man beide Operatoren hintereinander anwendet, ergibt sich ein Verfahren zum Glätten von Rändern. Es spielt allerdings eine Rolle, in welcher Reihenfolge die beiden Operatoren angewandt werden. In der Reihenfolge "Dilatation - Erosion" werden Einbuchtungen ausgefüllt und Ränder geglättet; man spricht deshalb auch von der "Fermeture" /Kamin '74/. Bei der umgekehrten Reihenfolge, "Erosion-Dilatation", werden Einbuchtungen vertieft und kleine Regionen eliminiert; man spricht daher auch von der "Ouverture". Welche Reihenfolge man wählt, hängt von der Qualität der Bilder ab, die man nachzuverarbeiten hat. In der Regel reichen ca. drei Iterationen in jeder Richtung aus, um zufriedenstellende Ergebnisse zu erzielen (für ein Beispiel siehe Teil 3.1 dieser Arbeit).

Nach der Bereinigung der Bilder findet die Zusammenhangsanalyse statt. Jede Region wird als eine Zusammenhangskomponente im Binärbild aufgefaßt. Da während der Bestimmung des Zusammenhanges jede Komponente mit einer eindeutigen Marke versehen wird, spricht man häufig von der "Komponentenmarkierung". Es gibt eine Vielzahl von Verfahren für die Komponentenmarkierung. Beispiele finden sich in /Rosenfeld & Kak '76/, /Kruse '73/, /Mori et al. '78/, /Duff '76/, /Veillon '79/ oder /Agrawala & Kulkarni '77/. Es würde zu weit führen, diese Algorithmen hier zu diskutieren; statt dessen wird hier lediglich die Grundidee der Komponentenmarkierung angegeben (vgl. Bild 2.1.2-4). Wenn man ein Bild zeilenweise von links nach rechts und von oben nach unten abtastet (FS-Abtastung), dann werden die Regionen im Bild in einer bestimmten Reihenfolge vom Abtaststrahl geschnitten. Hat man die Schnitte der vorhergegangenen Zeile gespeichert, so kann man überprüfen, ob sich diese Schnitte überlappen. Falls nicht, so wird eine Region offensichtlich zum ersten Mal von der Abtastung erfaßt. In diesem Fall weist man dem neuen Schnitt die nächste freie Marke zu. Liegt eine Überlappung vor, so wird die Marke des vorausgegangenen Schnittes auch dem Schnitt auf der aktuellen Zeile zugewiesen. Auf diese Weise "pflanzen" sich die Marken von zusammenhängenden Regionen gewissermaßen fort. Wie man aus Bild 2.1.2-4 ersehen kann, ist es möglich, daß eine Region mehrere Marken erhält, nämlich dann, wenn man erst nach einigen Zeilen auf zusammenstoßende Teile ein und derselben Region trifft. In solchen Fällen muß man die Äquivalenz der beiden Marken in eine "Äquivalenz-Liste" eintragen. Nach dem Zusammentreffen mehrerer Marken wird nur jeweils eine der Marken für den Rest der Region fortgepflanzt.

```
 111111    1111111111        AAAAAA    BBBBBBBBB
111111111   1111111         AAAAAAAAA   BBBBBBB
   1111       111    111       AAAA       BBB    CCC
              111  111                    BBB  CCC
              111 111                     BBB  CCC
             11111111                    BBBBBBBB
 111111    11111111         DDDDDD     BBBBBBBB
111  1111    111111         DDD DDDD    BBBBBBB
111  1111    111            DDD DDDD     BBB
 1111111      1             DDDDDDD       B
                        A                              B
```

Bild 2.1.2-4: Komponentenmarkierung

        A - Binärbild

        B - markiertes Bild

Es wird häufig vorgeschlagen, in einem zweiten Bilddurchlauf äquivalente Marken umzumarkieren, so daß jede Region nur durch eine einzige Marke identifiziert wird. Dies ist jedoch überflüssig, weil man
das Bild auf jeden Fall ein weiteres Mal abtasten muß, wenn man sich
für eine bestimmte Region interessiert. Auch die oft vorgeschlagene
Speicherung der Marke zu jedem Bildpunkt ist nicht günstig, da so
aus einem Binärbild wieder ein Bild mit 8 Bit pro Bildpunkt gemacht
wird. Eine kompaktere Darstellung erhält man statt dessen, wenn man
zu jeder Marke die entsprechenden Bildpunkte speichert, und zwar in
einer "Lauflängen"-Darstellung, die relativ wenig Speicherbedarf
hat. Bei einer solchen Darstellung hat man auch schnell Zugriff zu
den verschiedenen Regionen.

Mit dieser Art der Komponentenmarkierung hat man bereits den Schritt
zur Repräsentation der Regionen vollzogen. Die oben vorgeschlagene
Darstellung ist zeilenweise aufgebaut. Es gibt jedoch auch andere
Darstellungsmöglichkeiten, z.B. die Zerlegung einer Region in Teilregionen, die bestimmte Eigenschaften haben. Eine Möglichkeit ist etwa
die Zerlegung in konvexe Teilregionen /Zamperoni '78/. Weitere Zerlegungstechniken werden in /Pavlidis '77/, /Haralick & Shapiro '77/,
/Feng & Pavlidis '75/ oder in /Pavlidis '72/ beschrieben. In allen
Fällen werden Regionen in einfachere Teile zerlegt. Die Angabe
dieser einfachen Teile und ihre relativen Lagen zueinander stellen
dann die Repräsentation der Region dar. Die einfachen Teile können
dabei überlappend oder nicht-überlappend gewählt werden. Die meisten
Zerlegungstechniken sind recht aufwendig; insbesondere erfordert die

weitere Analyse dieser Darstellungen bestimmte Verfahren, die sich nur selten für praktische Anwendungen eignen. Deshalb wird hier nicht weiter auf diese Techniken eingegangen. Es ist in der Regel einfacher, gewisse Formmerkmale aus den vollständigen Regionen zu extrahieren und mit den Marken der Regionen für die weitere Analyse zu speichern.

Es stellt sich auch hier die abschließende Frage, wie geeignet der Regionen-Ansatz für eine Echtzeit-Verarbeitung ist. Alle der oben besprochenen Verarbeitungsschritte sind entweder Punktoperationen (wie die Schwellwertverarbeitung) oder lokale Operationen, die auf kleinen Bildausschnitten definiert sind. Mit Hilfe der heutigen Elektronik können alle diese Operationen mit Fernsehgeschwindigkeit ausgeführt werden. Selbst die Komponentenmarkierung stellt kein Problem dar. So gibt es z.B. eine Hardware-Realisierung in CCD-Technologie /Willett & Bluzer '77/. Ein weiteres Beispiel für eine Hardware-Lösung wird in Teil 3.1 dieser Arbeit besprochen.

Insgesamt kann gesagt werden, daß dieser Ansatz für die Echtzeitverarbeitung gut geeignet ist. Er ist darüber hinaus in vielen Fällen für praktische Anwendungen ausreichend. Es ist deshalb nicht überraschend, daß heute so gut wie alle praktischen Bildsensoren mit Binärbildern arbeiten, die durch Schwellwertverfahren gewonnen wurden.

2.2 Die Erkennung von Werkstückbildern

Nach der Segmentierung liegt das Bild in einer Form vor, bei der man Zugriff auf die einzelnen Regionen hat. Diese müssen in den nächsten Analyse-Schritten erkannt werden. Hierfür muß ihre Form analysiert und das Ergebnis der Analyse mit Modelldaten verglichen werden.

Die Erkennungsaufgabe bei Bildsensoren erfordert als Ergebnis Angaben über die Art des vorliegenden Werkstückes und seine Lageklasse. Im einfachsten Fall entspricht _eine_ Region genau der Silhouette des Werkstückes. Dieser Fall tritt z.B. bei Durchlichtbeleuchtung auf. Der Zusammenhang zwischen einem Objekt im Raum und seiner Silhouette ergibt sich aus Bild 2.2-1. Es wird hierbei vorausgesetzt, daß eine Rotationsachse des Werkstückes und die optische Achse zusammenfallen. Die Gründe hierfür wurden in Abschnitt 1.2 bei Überlegungen zur

Geometrie des Aufbaues erörtert. Für das Objekt wird ein geeignetes Objektkoordinatensystem (I,II) zugrundegelegt, z.B. Symmetrie-Achsen des Werkstückes. Aus Bild 2.2-1 sieht man, daß die Form der Silhouette nur noch von den Winkeln α und β abhängt. Zur genauen Bestimmung der Objektlage muß allerdings noch der Drehwinkel γ in der Bildebene ermittelt werden. Er beeinflußt jedoch nicht die Form der Silhouette. Wir nehmen im folgenden an, daß ein Werkstück nur jeweils K diskrete Lageklassen hat und bezeichnen diese mit $z_k(\alpha,\beta)$.

In einer <u>Lernphase</u> werden für jede mögliche Lageklasse Modelldaten M_K^L gespeichert, die aus der Form der Silhouette extrahiert werden. In der <u>Meßphase</u> liegt das Werkstück in einer unbekannten Lageklasse z^* vor. Aus der Silhouette des Werkstückes in Lage z^* werden Meßdaten M_*^M ermittelt. Ein Vergleich der Meßdaten M_*^M mit den gespeicherten Modelldaten M_K^L liefert dann die gesuchte Lageklasse Z_{K*}.

Der Fall, daß man die vollständige Silhouette als Abbild des Werkstückes erhält, tritt allerdings selten auf. Insbesondere bei Verwendung von Auflicht "zerfallen" die Silhouetten. Die Segmentation

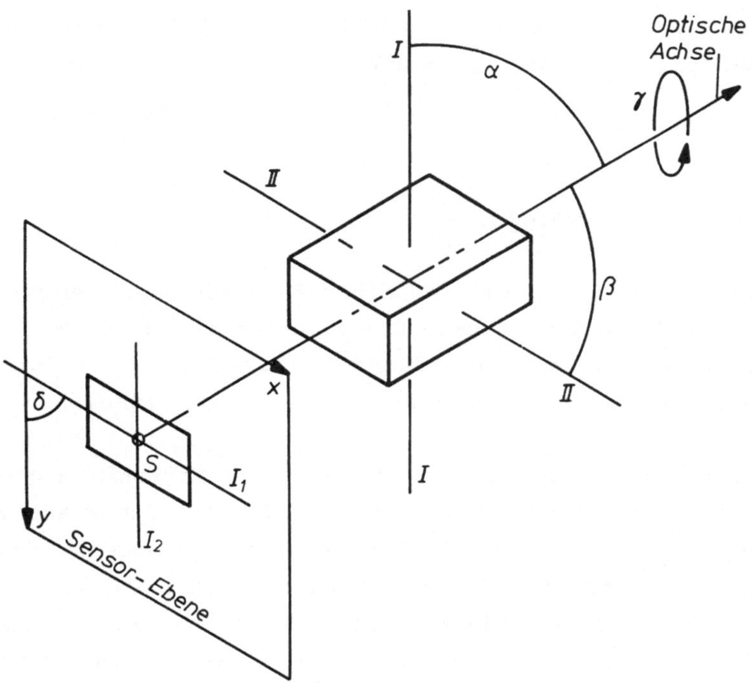

Bild 2.2-1: Silhouette durch Projektion eines Objektes

liefert also Regionen, die nur Teile der Silhouette sind und nicht miteinander zusammenhängen. In diesen Fällen reicht es nicht aus, die Form _einer_ Region zu analysieren. Statt dessen müssen die Formen aller Regionen analysiert werden und danach diejenigen Regionen bestimmt werden, die "zusammengehören", d.h. Teil einer Silhouette sind. Es müssen somit erörtert werden:

- Methoden der Formanalyse
- Methoden des Vergleiches zwischen Modell- und Meß-Daten
- Methoden der Suche nach "zusammengehörigen" Regionen
- Probleme der Lern- und Meß-Phase.

Methoden der Formanalyse werden im nächsten Abschnitt erörtert; Vergleichs- und Suchverfahren sowie Aspekte der Lern- und Meßphase werden im Abschnitt 2.2.2 besprochen.

2.2.1 Formanalyse

Die Formanalyse ist ein schwieriges Gebiet, für das es keine geschlossene Theorie gibt. Es liegt lediglich eine Vielzahl einzelner Ansätze und "Tricks" vor, die kaum systematisch zu erfassen sind. Die Vielfalt der Ansätze läßt sich zumindest grob nach folgenden Gesichtspunkten ordnen (vgl. Bild 2.2-1):

1) Erfolgt ein direkter Formvergleich mit einem Referenzmuster oder werden Formmerkmale extrahiert, die in einem weiteren Analyseschritt mit Referenzdaten verglichen werden?
2) Werden die örtlichen Eigenschaften von Konturen oder von Regionen ausgewertet?
3) Ist das Ergebnis der Analyse eine Zahl (oder ein Vektor) oder eine Struktur?

Beim direkten Formvergleich spricht man vom "Schablonenvergleich"; bei allen anderen Verfahren von der "Merkmalsextraktion". Ist das Ergebnis einer Merkmalsextraktion eine Zahl, so spricht man von "skalaren" Methoden; ist es eine Struktur, so spricht man von "strukturellen" Methoden. Bei der Auswertung von Konturen erhält man Merkmale, die sich ergeben, wenn man _entlang_ der Randlinie einer Region fährt. Bei der Auswertung von regionalen Eigenschaften werden

Schablonen	direkt	indirekt

Merkmale	skalar	strukturell
Kontur		
Region		

Bild 2.2.1-1: Methoden der Formanalyse

Merkmale erfaßt, die sich ergeben, wenn man sich innerhalb der Region bewegt /Pavlidis '78/. Die Grenzen zwischen diesen Kategorien sind fließend, und nicht immer ist eine klare Zuordnung eines Verfahrens möglich. Diese Ordnungsprinzipien zeigen jedoch einige wichtige Charakteristika der Formanalyse auf.

Verfahren des Schablonenvergleiches können in zwei Klassen unterteilt werden: in direkte und indirekte Vergleichsmethoden. Beim direkten Schablonenvergleich muß für jede Lageklasse eine Mustersilhouette als Modell vorgegeben werden. Jede Mustersilhouette wird solange verdreht und verschoben, bis eine maximale Überdeckung mit der vorliegenden Silhouette erreicht ist. Man entscheidet sich dann für diejenige Silhouette, die die beste Überdeckung geliefert hat. Solche Schablonenvergleichsverfahren wurden zu Beginn der Entwicklung von Bildsensoren in Form von optischen Korrelatoren entwickelt. Sie haben sich jedoch für die Praxis nicht bewährt, weil sie zu wenig flexibel sind. Insbesondere ist die Herstellung der Mustersilhouetten umständlich, was ein Umrüsten für die Erkennung neuer Werkstücke erschwert.

Beim indirekten Schablonenvergleich dient als Referenzmuster eine künstliche Schablone - z.B. ein Kreis, der um den Schwerpunkt der vorliegenden Silhouette geschlagen wird. Hierbei entfällt das Verschieben des Referenzmusters gegenüber der Silhouette. Aus den Schnittpunkten der Schablone mit der Silhouette können Merkmale abgeleitet werden, die dann mit Modelldaten verglichen werden, die auf dieselbe Weise gewonnen wurden. Dieses Verfahren ist flexibler als der direkte Schablonenvergleich. Problematisch kann allerdings die Anpassung der Dimension der Schablone an die Silhouette sein. So muß bei Einsatz einer Kreisschablone ein Kreisradius vorgegeben werden, der zu sauberen Schnittpunkten mit der Silhouette führt (vgl. Bild 2.2-1). Auch der indirekte Schablonenvergleich kann zum Erkennen der Lageklasse und des Drehwinkels in der Bildebene verwendet werden. Wenn man z.B. die Kreisschablone in Abschnitte unterteilt, die den überdeckten Stellen der Silhouette entsprechen, so erhält man eine ringförmige, binäre Schablone. Verdreht man solche Modellschablonen gegenüber vorliegenden Silhouetten bis zur maximalen Überdeckung, so hat man gleichzeitig die Lageklasse und die Drehlage bestimmt.

Bei der Merkmalsextraktion kann man skalare oder strukturelle Merkmale jeweils von Konturen oder Regionen ermitteln. Beispiele für skalare Merkmale aus Konturen sind:

- Konturlänge
- minimale, maximale, mittlere Krümmung
- minimaler, maximaler, mittlerer polarer Abstand.

Der polare Abstand ergibt sich aus dem Abstand von Konturpunkten zum Flächenschwerpunkt, gemessen über einer Drehung um 360 Grad (Bild 2.2.1-2 zeigt ein Beispiel für ein polares Abstandsprofil).

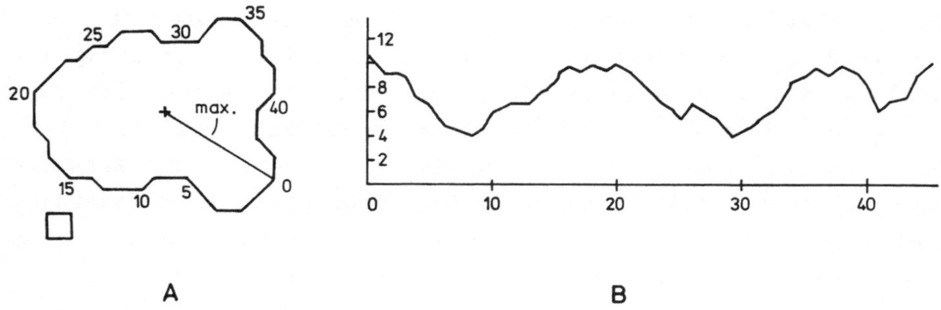

Bild 2.2.1-2: Polare Abtastung und Abstandsprofil

Als besonders wichtig für die Praxis haben sich skalare Merkmale von
Regionen erwiesen, insbesondere die Fläche F und die Fläcnen-Haupt-
trägheitsmomente $I_{1/2}$. Diese ergeben sich folgendermaßen /Foith
'78/. Wir legen ein Bild mit MxN Bildpunkten zugrunde, wobei M die
Anzahl in Zeilenrichtung und N die Anzahl in Spaltenrichtung angibt.
Sei (x,y) ein Bildpunkt, dann ist x = 1,...,M und y = 1,...,N. Das
Binärbild B(x,y) ist definiert als:

$$B(x,y) = \begin{cases} 1 & \text{falls } (x,y) \text{ innerhalb der Silhouette} \\ 0 & \text{sonst} \end{cases} \qquad (2.2.1-1)$$

Dann ist die Anzahl A der Silhouettenpunkte:

$$A = \sum_{y=1}^{N} \sum_{x=1}^{M} B(x,y) \qquad (2.2.1-2)$$

und für die Fläche F gilt:

$$F = A\, dx\, dy \qquad (2.2.1-3)$$

Wobei dx = Spaltenabstand, dy = Zeilenabstand. Im folgenden wird
ohne Einschränkung der Allgemeinheit dx = dy = 1 gesetzt. Die
Koordinaten des Schwerpunktes S = (xs,ys) ergeben sich aus:

$$X_s = \frac{1}{A} \sum_{y=1}^{M} \sum_{x=1}^{N} x \cdot B(x,y) \qquad (2.2.1-4)$$

$$Y_s = \frac{1}{A} \sum_{y=1}^{M} \sum_{x=1}^{N} y \cdot B(x,y) \qquad (2.2.1-5)$$

Die Hauptträgheitsmomente I_1, I_2 ergeben sich aus den Momenten J_X, J_Y, J_{XY}:

$$J_s = \frac{1}{A} \sum_{y=1}^{M} \sum_{x=1}^{N} (x-x_s)^2 \cdot B(x,y) \qquad (2.2.1-6)$$

$$J_y = \frac{1}{A} \sum_{y=1}^{M} \sum_{x=1}^{N} (y-y_s)^2 \cdot B(x,y) \qquad (2.2.1-7)$$

$$J_{xy} = \frac{1}{A} \sum_{y=1}^{M} \sum_{x=1}^{N} (x-x_s) \cdot (y-y_s) \cdot B(x,y) \qquad (2.2.1-8)$$

$$I_{1/2} = \frac{1}{2}(J_x+J_y) \pm \sqrt{\frac{1}{4}(J_x-J_y)^2 + J_{xy}^2} \qquad (2.2.1-9)$$

Die Gleichungen (2.2.1-2) bis (2.2.1-9) eignen sich für eine Verarbeitung durch spezielle Hardware und können während der Bildabtastung aus dem FS-Bild berechnet werden. Aus den Momenten J_X, J_Y, J_{XY} kann auch der Winkel δ in der Bildebene bestimmt werden, den I_1 mit der Y-Achse einschließt. Dieser Winkel ergibt sich aus:

$$\delta = \frac{1}{2} \arctan\left(\frac{2 J_{xy}}{J_y-J_x}\right) \qquad (2.2.1-10)$$

Skalare Merkmale wie Fläche, Konturlänge usw. können auch für Löcher bestimmt werden. Weitere skalare Merkmale sind: Fläche und Ausmaße umschreibender Rechtecke (die parallel zu den Momentenachsen konstruiert werden), oder die Anzahl von Löchern. Fast immer werden mehrere solcher skalaren Merkmale zu einem "Merkmalsvektor" zusammengefaßt. Dieser Merkmalsvektor stellt dann die Modelldaten dar.

Ein Beispiel soll den Ansatz der Merkmalsextraktion verdeutlichen. Bild 2.2.1-3 zeigt eine Serie von Lageklassen eines Werkstückes, das kontinuierlich um eine Achse gedreht wurde. Eine Objektachse wurde so definiert, daß sie parallel zur Hauptebene des Werkstückes liegt. Das Werkstück wurde mit einem Neigungswinkel $\alpha = 150°$ aufgehängt. Dann wurde es mit einer Auflösung von 3° um insgesamt 180° gedreht und von der Seite aufgenommen, so daß $\beta = 0°, 3°, 6°, \ldots, 180°$. Bild 2.2.1-4 zeigt die Verteilung der Merkmalswerte über dem Drehwin-

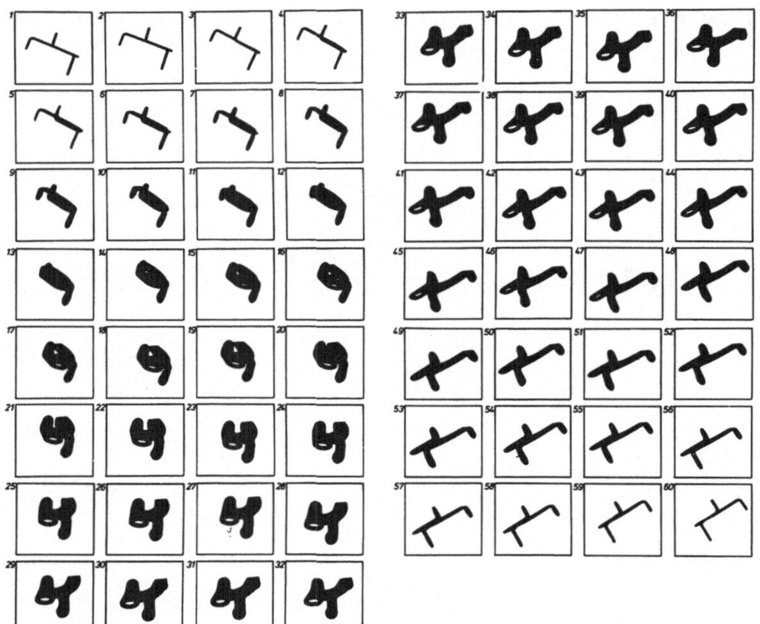

Bild 2.2.1-3: Lageklassen eines Werkstückes bei Drehung um eine Achse

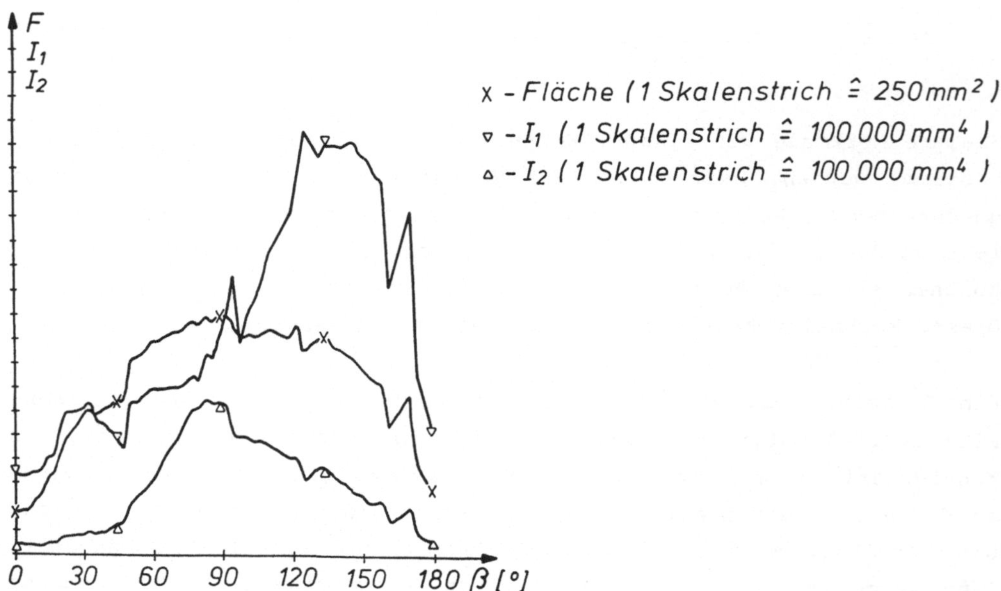

Bild 2.2.1-4: Verteilung der Merkmalswerte über den Lageklassen eines Werkstückes

kel. Die weitere Verarbeitung der Merkmalsvektoren wird in Abschnitt 2.2.2 besprochen.

Neben den skalaren Merkmalen spielen die <u>strukturellen</u> Merkmale eine geringere Rolle für Bildsensoren. Dies mag damit zusammenhängen, daß diese Merkmale schwieriger zu extrahieren sind als die skalaren. Beispiele für strukturelle Merkmale aus Konturen sind im wesentlichen Geradenabschnitte oder Segmente mit konstanter Krümmung. Seltener als strukturelle Konturmerkmale werden solche Merkmale aus Regionen extrahiert. Typische Beispiele struktureller, regionaler Merkmale sind konvexe Teilregionen oder Differenzen zwischen der kovexen Hülle einer Region und der Region selbst (vgl. Bild 2.2.1-1).

Skalare Merkmale lassen sich in der Regel in <u>einer</u> Bildabtastung extrahieren; strukturelle Merkmale hingegen erfordern manchmal eine aufwendige Technik, die für Echtzeitverarbeitung nicht immer geeignet ist. Es ist deshalb nicht überraschend, daß heute vorwiegend skalare Merkmale eingesetzt werden. Die Bedeutung der strukturellen Merkmale - insbesondere der Konturmerkmale - darf jedoch nicht unterschätzt werden! Wie aus den oben aufgeführten Beispielen deutlich wird, sind skalare Merkmale in der Regel integrale Maße. Dies hat den Vorteil, daß sie Störungen gegenüber relativ unempfindlich sind. Ihr Nachteil liegt darin begründet, daß sie nur aus isolierten Regionen extrahiert werden können. Will man z.B. überlappende Werkstücke erkennen, dann sind integrale Merkmale unbrauchbar; an ihrer Stelle müssen Merkmale eingesetzt werden, die Aussagen über lokale Strukturen machen. Dies sind die strukturellen Merkmale, die man aus Konturen gewinnt. Hier taucht wieder das Problem der Linienverfolgung auf. Wenn die Echtzeitverarbeitung von Konturinformationen zur Zeit auch noch problematisch ist, so kann doch damit gerechnet werden, daß sich hier in der nahen Zukunft einiges ändert.

Betrachten wir, welche der bisher besprochenen Merkmale in der Praxis Verwendung gefunden haben. Wie bereits erwähnt, haben die skalaren Merkmale - insbesondere die regionalen - die meiste Beachtung gefunden. Grundsätzlich sind jedoch auch alle anderen Merkmalstypen verwendet worden. Im folgenden werden einige Beispiele angeführt, die einen Überblick über die Literatur geben.

/Baird '76 A/ verwendet lokale und globale Schablonen für die Bestimmung von Ecken in IC Chips (vgl. auch /Baird '78/). Indirekte

Schablonenvergleiche werden verwendet von /Bretschi '76/, der ausgewählte FS-Zeilen benützt; hierbei werden aus den Schnittpunkten der
Zeilen mit den Silhouetten der Werkstücke Merkmale für die Erkennung
ausgewertet. Da dieses Erkennungsverfahren nicht Drehlageninvariant
ist, müssen die Werkstücke an einem Anschlag in eine Normlage gebracht werden. Drehlagen-invariant ist das oben erwähnte Verfahren,
einen (oder mehrere) Kreis(e) um den Schwerpunkt einer Region zu
schlagen und die Schnittpunkte der Kreise mit der Kontur der Silhouette auszuwerten. Dieses Verfahren wird als "Polarcheck" bezeichnet
und wird von /Heginbotham '76/ und /Geisselmann '80/ angewandt. In
Teil 3 dieser Arbeit wird ebenfalls über eine Realisierung des
Polarchecks berichtet.

Beispiele für skalare Methoden der Konturanalyse werden beschrieben
in: /Agin '75/, /Pavlidis '77/, /De Coulon & Kammenos '77/, /Dessi-
moz '78/, /Nakagawa & Rosenfeld '79/ sowie /Armbruster et al. '79/.
Bei diesen Ansätzen werden typischerweise Krümmungen, Einbuchtungen
und Ausbuchtungen ausgewertet. Wie bereits erwähnt, ist einer der
Vorteile dieser Merkmale die Tatsache, daß man auch bei überlappen-
den Werkstücken sinnvolle Merkmale extrahieren kann. Dies gleicht in
gewisser Weise den höheren Aufwand aus, den diese Merkmale für ihre
Extraktion erfordern. Ansätze für die Erkennung von Werkstücken, die
nur teilweise sichtbar sind, finden sich in: /McKee & Aggarwal '77/,
/Perkins '77/, /Kelley, Birk & Wilson '77/, /Dessimoz et al. 79/ und
/Tropf '81/.

Skalare, regionale Merkmale schließlich wurden angewendet von:
/Birk, Kelley et al. '76/, /Baird '76/, /Hasegawa & Masuda '77/ und
/Foith '78/.

Strukturelle Konturmerkmale wurden u.a. von /Mundy & Joynson '77/
und /Bjorklund '77/ angewandt. Lediglich die strukturellen, regionalen Merkmale scheinen ein nur geringes Interesse gefunden zu haben;
vermutlich, weil der Aufwand zu ihrer Extraktion in der Regel sehr
hoch ist.

2.2.2 Lernen und Messen

Die weitere Vorgehensweise hängt davon ab, welche Methode der Former-
kennung gewählt wurde. Der Schablonenvergleich liefert seine Ergeb-

nisse in einem Arbeitsgang; bei der Merkmalsextraktion muß sich nach Bestimmung der Merkmale ein zweiter Schritt anschließen. Bei der Verwendung skalarer Merkmale besteht dieser Schritt üblicherweise in einer numerischen Klassifikation. Für strukturelle Merkmale wird eine syntaktische oder heuristische Analyse angewendet.

Der Schablonenvergleich oder die Merkmalsextraktion mit anschließender Klassifikation/Analyse stellt die sogenannte "Meßphase" des Bildsensors dar. Vor dieser Meßphase muß jedoch eine "Lernphase" liegen, in der dem Bildsensor die notwendigen Modelldaten vorgegeben werden. Beim Schablonenvergleich sind dies die Schablonen, bei der Merkmalsextraktion entweder Merkmalsvektoren oder strukturelle Beschreibungen. Bei letzteren handelt es sich um Datenstrukturen, die aus strukturellen Merkmalen aufgebaut sind (z.B. Listen oder Bäume). Auf die Probleme der Lernphase wird weiter unten eingegangen. Zunächst werden verschiedene Aspekte der Meßphase besprochen.

Wie bereits oben ausgeführt, überwiegt bei praktischen Bildsensoren der Einsatz skalarer Merkmale, die zu Merkmalsvektoren zusammengefaßt werden. Diese werden durch Methoden der numerischen Klassifikation weiter analysiert. Hierfür werden vor allem "Nächste-Nachbar"-Klassifikatoren eingesetzt /Duda & Hart '73/.

Bei der Nächsten-Nachbar-Klassifikation wird für die unbekannte Lageklasse z* diejenige Lageklasse z_{K*} gesucht, für die gilt:

$$k* = \min[d(M_K^L, M_*^M) \ / \ k = 1, \ldots, K] \tag{2.2.2-1}$$

wobei $d(M_K^L, M_*^M)$ ein Abstandsmaß ist. Aus Aufwandsgründen wird bei der Abstandsberechnung häufig eine 'City-Block'-Metrik anstelle des euklidischen Abstandes verwendet (d.h. man berechnet Absolutbeträge anstelle der Quadratwurzel). Mit $z* = z_{K*}$ ist die gesuchte Lage gefunden. Ein Nachteil dieses Klassifikationsverfahrens besteht darin, daß $d(M_K^L, M_*^M)$ für alle K gespeicherten Lageklassen berechnet werden muß, bevor eine Entscheidung getroffen werden kann. Bei einem großen Modellraum mit vielen eingelernten Lageklassen führt dies zu einem rechenintensiven Verfahren, das eine Echtzeitverarbeitung erschwert.

In solchen Fällen bietet sich eine andere Vorgehensweise an. Diese besteht in einem sequentiellen Abarbeiten der Merkmale mit Hilfe eines Entscheidungsbaumes /Rosen et al. '76/, /Giralt et al. '79/. Jedes Blatt des Suchbaumes stellt eine Lageklasse dar. Von der Wurzel des Baumes gelangt man zu einer dieser Klassen, indem die Merkmale nach und nach auf einen Schwellwert geprüft werden. Ist beispielsweise der Wert des i-ten Merkmales, m_i^M, kleiner als der vorgegebene Schwellwert des entsprechenden Knotens, so wird der linke Nachfolger gewählt, andernfalls der rechte. Ein Vorteil des Entscheidungsbaumes besteht darin, daß er auf den gesamten Modellraum angepaßt werden kann; d.h. man kann die Entscheidungen so legen, daß man mit möglichst wenig Schritten zu einer möglichst sicheren Entscheidung gelangt. Allerdings ist die Konstruktion solcher Bäume nicht immer einfach, was hinderlich für praktische Einsatzfälle sein kann. Auch ist es schwierig, weitere Modelle hinzuzufügen, ohne den Baum neu konstruieren zu müssen.

Etwas allgemeiner als der Entscheidungsbaum ist die sequentielle Suche, bei der ebenfalls die Merkmale der Reihe nach abgearbeitet werden. Nehmen wir an, daß eine geeignete Reihenfolge für die Abarbeitung der Merkmale festliegt und daß mit m_i^L bzw. m_i^M die jeweiligen Komponenten des Modell- und des Meß-Vektors sind. Man beginnt mit einer Liste aller Merkmalsvektoren M_K^M. Nach und nach werden für jedes Merkmal diejenigen Vektoren M_k^L bestimmt, bei denen die entsprechende Komponente $m_{i,k}^L$ in einem Intervall der Breite δ um m_i^M liegt, d.h. für die gilt:

$$m_i^M - \frac{\delta}{2} \le m_{i,k}^L \le m_i^M + \frac{\delta}{2} \qquad\qquad (2.2.2-2)$$

Als Ergebnis erhält man eine Liste von Merkmalsvektoren, die (2.2.2-2) erfüllen. Die Liste wird in derselben Weise auf das nächste Merkmal geprüft. Das Verfahren bricht ab, wenn nur noch ein einziger Merkmalsvektor M^L übrig geblieben ist, oder wenn alle Merkmale abgearbeitet sind. Bleiben im letzteren Falle mehrere Vektoren übrig, so muß durch ein zusätzliches Verfahren eine endgültige Entscheidung getroffen werden. Im ersten Fall ist der gefundene Vektor die gesuchte Lösung. Der Vorteil der sequentiellen Suche gegenüber einer Nächsten-Nachbar-Klassifikation besteht darin, daß der Suchraum immer kleiner wird.

Um die Unterschiede in der Leistungsfähigkeit verschiedener Klassifikatoren deutlich zu machen, wird das Beispiel der Lageerkennung der Silhouetten aus Bild 2.2.1-3 hier fortgesetzt. Für die gezeigten

Silhouetten wurden die Merkmale F, I_1 und I_2 berechnet und gespeichert. In der Meßphase wurde eine der Silhouetten als unbekannte Lage z* vorgegeben, und es wurden vier verschiedene Klassifikatoren zur Bestimmung der Lageklasse angewandt.

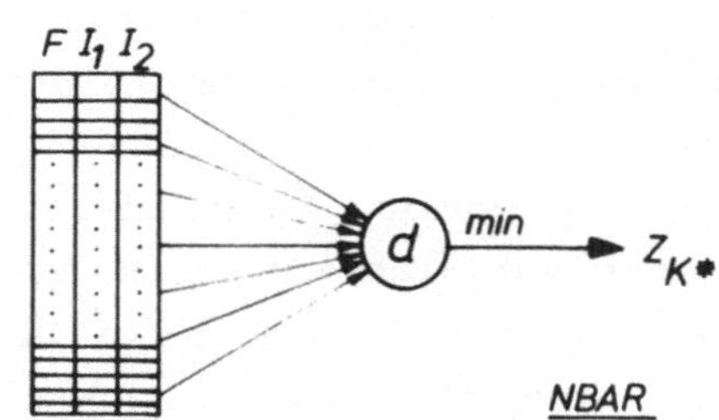

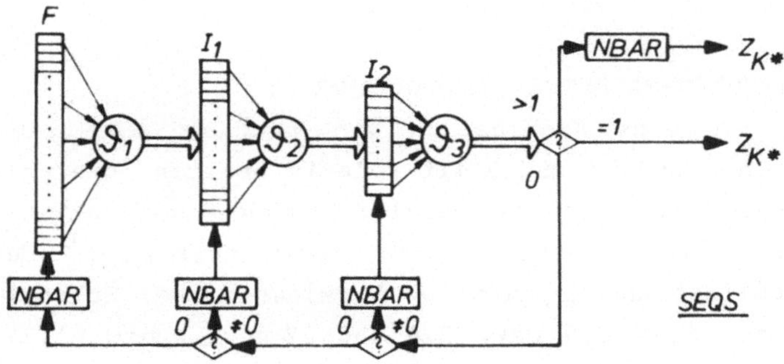

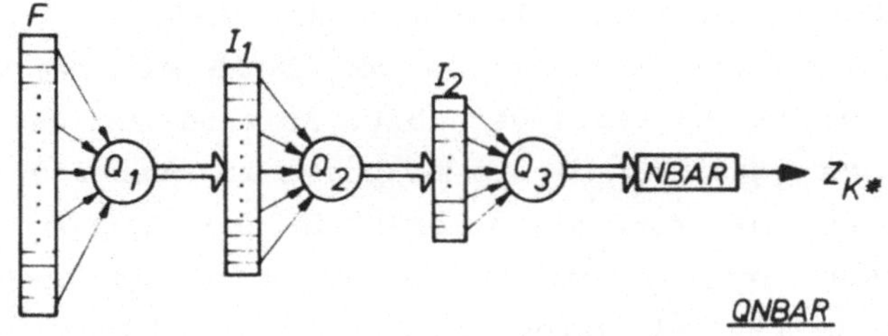

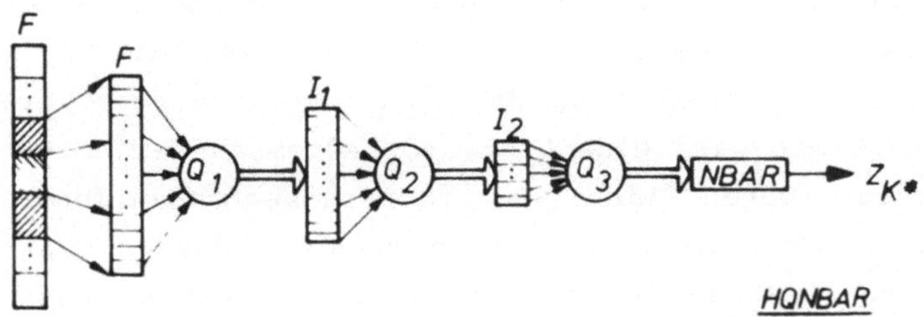

Bild 2.2.2.-1: Struktur der Klassifikatoren 1 - 4

<u>Klassifikator 1</u>: NÄCHSTER-NACHBAR (NBAR).

Es wird die Abstandsfunktion $d(M_K^L, M_K^M) := \sqrt{(M_K^L - M_K^M)^2}$ für k=1,....,K minimiert.

<u>Klassifikator 2</u>: SEQUENTIELLES SUCHEN (SEQS)

In der Lernphase werden die Merkmalsvektoren nach aufsteigenden Werten von F geordnet und in der Meßphase in der Reihenfolge F, I_1, I_2 abgearbeitet, wobei als Intervallbreite δ = 5, 10, 15% des jeweiligen Meßwertes gewählt wurde. Nach jeder Vergleichsstufe liegt eine Liste von Kandidaten vor. Dabei kann es vorkommen, daß bereits vor Erreichen einer eindeutigen Lösung diese Liste leer ist. Umgekehrt können nach Abarbeiten des letzten Merkmales mehrere Kandidaten in der Liste übrig bleiben. In beiden Fällen wird durch NBAR eine Entscheidung getroffen. Im ersten Fall (leere Liste) wird dabei zur letzten nicht-leeren Liste zurückgesprungen.

<u>Klassifikator 3</u>: QUOTIENTEN-NÄCHSTER-NACHBAR (QNBAR)

Dieser Klassifikator ist eine Kombination von NBAR und SEQS. Die Grundidee besteht darin, zunächst SEQS mit relativ breiten Intervallen anzuwenden, um die Anzahl der zu vergleichenden Modellvektoren zu verringern. Zuerst wird sequentiell für jedes Merkmal m_i^L der Quotient $Q = m_i^L/m_i^M$ gebildet und geprüft, ob Q zwischen zwei Schwellwerten $\delta 1$ und $\delta 2$ liegt ($\delta 1$ = 0,9 bzw. 0,8 und $\delta 2$ = 1,1 bzw. 1,2). Als Ergebnis erhält man eine (kurze) Liste von Kandidaten, auf die NBAR angewandt wird.

<u>Klassifikator 4</u>: HASH-QUOTIENTEN-NÄCHSTER-NACHBAR (HQNBAR)

Dieser Klassifikator ist eine Modifikation von QNBAR mit dem Ziel, den Suchaufwand noch weiter zu verringern bzw. Aufwand von der Meß- in die Lernphase zu verlegen und so die Meßphase zu beschleunigen. Zu diesem Zweck werden die Merkmalsvektoren in der Lernphase in geeigneter Weise vorsortiert, so daß in der Meßphase nur noch ein Teil dieser Vektoren betrachtet werden muß. Dies geschieht, indem die Fläche zur Berechnung eines Hash-Kodes /Hopgood '70/ benützt wird. Der Hash-Kode wird festgelegt, indem die Flächenwerte zwischen dem minimalen und maximalen Flächenwert in 10 bzw. 20 Intervalle eingeteilt werden. Jedes Intervall wird dann als Adress-Sektor verwendet. Für jede Hash-Nummer wird eine Liste von Adressen derjenigen Merkmalsvektoren angelegt, deren Flächenwert im entsprechenden Intervall liegt. Bei Vorlage eines Meßvektors wird zunächst dessen Hash-Nummer berechnet. Anschließend werden die Liste derselben Hash-Nummer sowie der nächsthöheren und der nächst-niederen Hash-Nummer

aktiviert und die Klassifikation der betreffenden Merkmalsvektoren
vorgenommen. Auf diese Weise werden lediglich solche Merkmalsvektoren verglichen, die mit hoher Wahrscheinlichkeit die richtige Lösung
enthalten, so daß man mit wesentlich weniger Kandidaten beginnt. Auf
diese Kandidaten wird QNBAR angewandt.

Bild 2.2.2-1 zeigt die Struktur dieser vier Klassifikatoren. Die
Ergebnisse von Experimenten mit diesen Klassifikatoren lassen sich
folgendermaßen zusammenfassen. Der mittlere Fehler bei der Lageklas-
senbestimmung und der Anteil von Fehlklassifikationen ist in Bild
2.2.2-2 dargestellt. Dabei wurde als Fehlklassifikation eine Abwei-
chung um mehr als $20°$ von der richtigen Drehlage gewertet. Dies trat
nur bei NBAR auf und ist auf die Anisotropie des Merkmalsraumes
zurückzuführen, da F numerisch um Größenordnungen kleiner als I_1, I_2
ist. Die Anisotropie des Merkmalsraumes spielt bei den anderen
Klassifikatoren keine Rolle, da bei QNBAR und HQNBAR durch den
Quotientenvergleich eine Normierung der Merkmale vorgenommen wird
und bei SEQS die Merkmale unabhängig voneinander betrachtet werden.

Bei den Experimenten trat aufgrund des verwendeten Abtastgerätes ein
Eingabefehler auf, der zu Streuungen der Meßwerte führte. Diese
lagen bei F in der Größenordnung von 1,5%; bei I_1, I_2 bei ca. 2,5%.
Angesichts dieser Streuungen stellt ein mittlerer Fehler von weniger
als $2°$ für NBAR, QNBAR und HQNBAR ein sehr gutes Ergebnis dar. Das
mit einem mittleren Fehler von $3,4°$ weniger gute Ergebnis für SEQS
ist auf die Schwierigkeit zurückzuführen, geeignete Suchintervalle
festzulegen. Zu enge Intervalle führen dazu, daß Kandidaten zu
schnell ausgesondert werden; zu breite Intervalle liefern keine

Algorithmus	mittlerer Fehler in Grad	Fehlklassifikationen in %
NBAR	1,7	4
QNBAR	1,8	0
HQNBAR	1,7	0
SEQS	3,4	0

Bild 2.2.2-2: Klassifikationsergebnisse für die Silhouetten
aus Bild 2.2.1.-3

eindeutigen Lösungen. Die besten Ergebnisse liefern QNBAR und HQNBAR. Im Unterschied zu SEQS wird hier nicht versucht, möglichst einen Kandidaten bei der sequentiellen Abfrage der Merkmale zu gewinnen, sondern man sortiert lediglich diejenigen Lageklassen aus, die nicht in Frage kommen. Auf diese Weise wird der Vorteil der sequentiellen Verarbeitung - die Reduktion des Suchaufwandes - ausgenutzt, ohne den Nachteil in Kauf nehmen zu müssen, eine Feinabstimmung der Intervalle vorzunehmen. Der Vorteil von HQNBAR gegenüber QNBAR liegt im geringeren Aufwand während der Meßphase.

Ein Vergleich des Verarbeitungsaufwandes der vier Klassifikatoren zeigt folgendes: Bei SEQS tritt nur in 25% aller Fälle während der sequentiellen Suche ein eindeutiger Kandidat auf, in allen anderen Fällen erfolgte die Klassifikation durch NBAR. Dies liegt ebenfalls an der schwierigen Feinabstimmung der Intervalle (siehe oben). Diese Problematik macht den Einsatz von SEQS für die Praxis kaum erstrebenswert. Deshalb wird nur der Aufwand der Klassifikatoren NBAR, QNBAR und HQNBAR weiter untersucht. Durch die sequentielle Vorverarbeitung wird bei QNBAR und bei HQNBAR die Liste der möglichen Kandidaten ständig kleiner. Bild 2.2.2-3 zeigt, wieviel Prozent der Kandidaten nach jedem Verarbeitungsschritt übrig bleiben. Während bei QNBAR stets 100% der Kandidaten für die Abstandsberechnung herangezogen werden, trifft dies bei QNBAR nur noch auf 8% der Kandidaten zu. Die Aufwandsreduktion ist bei HQNBAR noch drastischer, weil bereits zu Beginn der sequentiellen Auswahl nur 36% der Merkmalsvektoren betrachtet werden. Alle diese Zahlen gelten für die Ergebnisse, die mit den Silhouetten der Werkstücke aus Bild 2.2.1-3 erzielt wurden. Berücksichtigt man den Aufwand für die sequentielle Vorverarbeitung, so ergibt sich eine Abschätzung des Aufwandes zwischen den verschiedenen Klassifikatoren im Verhältnis

$$HQNBAR : QNBAR : NBAR = 1 : 2 : 4$$

Die Ergebnisse für andere Versuchsreihe liegen in ähnlichen Größenordnungen.

Aus diesem Beispiel wird deutlich, daß man bei der Verwendung skalarer Merkmale und ihrer Klassifikation eine Reihe von Möglichkeiten hat, um die Verarbeitung zu beschleunigen. Damit eignen sich diese Verfahren hervorragend für die Echtzeitverarbeitung. Dies trifft weniger auf strukturelle Merkmale und ihre Analyse zu. Die Verarbei-

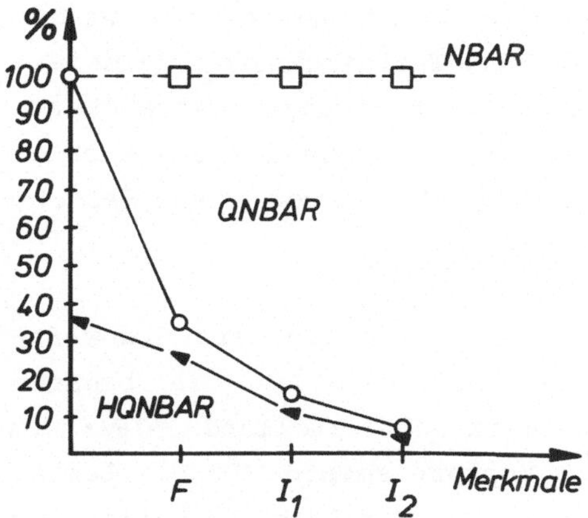

Bild 2.2.2-3: Anzahl der betrachteten Merkmalsvektoren bei NBAR, QNBAR und HQNBAR

tung struktureller Merkmale erfordert entweder eine sogenannte "syntaktische" Analyse oder heuristische Ansätze. Beim syntaktischen Ansatz werden die strukturellen Merkmale als Elemente eines Vokabulars aufgefaßt; Formanalyse wird damit zur Syntaxanalyse. Es gibt eine Fülle von Bildbeschreibungssprachen; da nach dem Stand der Technik diese Ansätze für praktische Anwendungen nur bedingt geeignet sind, wird hier nicht näher auf diese Methode eingegangen. Es kann allgemein gesagt werden, daß die größte Schwäche der syntaktischen Verfahren darin liegt, daß sie gegenüber Störungen der Eingabedaten sehr empfindlich sind. Zwar wird daran gearbeitet, hier Abhilfen zu schaffen, aber die zur Zeit bekannten Ergebnisse sind noch weit von praktischen Anwendungen entfernt. Heuristische Ansätze führen häufig zu brauchbaren Lösungen, sind jedoch meist nicht allgemein anwendbar.

Wir sind bis jetzt stets davon ausgegangen, daß die eingelernten Modelle jeweils nur eine einzige Region enthalten. Die Modelle bestehen in diesem Fall aus dem Merkmalsvektor. Enthält ein Modell mehr als eine Region ("zerfallende" Silhouetten), so kann im einfachsten Fall eine Liste oder Matrix der betreffenden Merkmalsvektoren als Modell verwendet werden. Ein solcher Ansatz ist aber nicht besonders leistungsfähig, da er nicht erlaubt, Vorhersagen zu machen, wo die einzelnen Regionen liegen. Wesentlich leistungsfähiger sind in dieser Hinsicht sogenannte "relationale" Modelle, die neben den Teilstrukturen einer Silhouette auch die Relationen zwischen diesen als Information enthalten. Diese Relationen werden zwischen ausgezeichneten Punkten einzelner Teilstrukturen definiert und als Abstände zusammen mit relativen Orientierungen gespeichert. Hierfür werden in der Regel Graph-Strukturen verwendet - ein Ansatz, der auf die frühen Siebziger Jahre zurückgeht /Barrow & Popplestone '71/, /Barrow et al. '71/.

Relationale Modelle können sowohl aus Binär- als auch aus Grauwertbildern konstruiert werden. Im ersten Fall stellen die binären Regionen die Teilstrukturen des Modelles dar /Holland '76/; im zweiten Fall werden typischerweise Konturelemente (z.B. Ecken, Kurven, etc.) verwendet /Perkins '77/. Der Vergleich relationaler Strukturen (Graph-Isomorphie bzw. Homomorphie) ist ein NP-komplettes Problem /Shapiro '79/, d.h. der Aufwand steigt exponentiell mit der Anzahl der zu vergleichenden Knoten im Graphen. Es ist daher ratsam, möglichst wenige Knoten zu verwenden oder den Graph in Teilgraphen zu zerlegen /Bolles '79 A/. Es ist wichtig, so viel Information wie möglich für jede Teilstruktur zu speichern, um die Suche durch das Modell so gut wie möglich zu unterstützen. D.h. daß die Formparameter zur möglichst eindeutigen Identifikation einer Teilstruktur führen sollten. Außerdem kann die Verwendung lokaler Richtungsachsen die Analyse wesentlich fördern: Wenn man für jede Teilstruktur eine lokale Richtung vorgeben kann, läßt sich aus dem Modell exakt vorhersagen, an welcher Stelle im Bild eine benachbarte Teilstruktur zu erwarten ist. Bisher liegen ermutigende Ergebnisse für eine derartige Modell-gestützte Bildanalyse vor /Enderle '81/; es bleiben aber noch eine Menge Fragen offen.

Damit ist die Erörterung der Probleme der Formanalyse abgeschlossen. Es bleiben aber noch die Probleme zu diskutieren, die sich im Zusammenhang mit der Lern- und der Meßphase ergeben. In der Lernphase wird dem Bildsensor vorgegeben, welche Werkstücke er erkennen muß und wie diese aussehen. In der Lernphase wird der Sensor also auf seine Aufgabe "programmiert". Hierfür stehen im Prinzip drei Techniken zur Verfügung:

- explizites Programmieren
- interaktives Programmieren
- Programmieren durch "Vorzeigen" ('Teach-In').

Beim expliziten Programmieren wird für jede Lageklasse ein Programm geschrieben. Dies setzt beim Benutzer Kenntnisse von Programmiersprachen voraus, die in der Praxis nicht erwartet werden können. Um den Ansatz der expliziten Programmierung praktikabel zu machen, wäre es notwendig, eine hohe Programmiersprache zu entwickeln, mit der kompakte Beschreibungen von Bildern vorgegeben werden können. Solch leistungsfähige Sprachen liegen zur Zeit jedoch nicht vor. Während beim expliziten Programmieren alles dem Benutzer überlassen wird, unterstützt beim interaktiven Programmieren das System den Benutzer und "führt" ihn bei der Bedienung des Gerätes. Methoden der Bedienerführung sind z.B. Bildschirmdialoge, "Menü"-Techniken oder "Programmieren durch Markieren" (mit einem Fadenkreuz). Auf dieser Ebene teilt das System dem Bediener mit, was er als nächstes zu unternehmen und welche Bedienungsmöglichkeiten er hat. Bei der expliziten Programmierung müssen z.B. die aktuellen Werte der Merkmalsvektoren von Hand eingegeben werden; bei der interaktiven Programmierung werden solche Werte selbständig vom Bildsensor bestimmt; der Bediener markiert lediglich mit einem Fadenkreuz, welche Teilstruktur auszuwerten ist. Noch einen Schritt weiter geht die Programmierung durch "Vorzeigen". Hier wird in der Lernphase dem Bildsensor lediglich das Werkstück vorgelegt und die dazugehörige Lageklasse angegeben. Der Sensor bestimmt dann selbständig das Modell dieser Lageklasse. Beim heutigen Stand der Technik ist dies allerdings nur bei Modellen möglich, die aus dem Merkmalsvektor _einer_ Region bestehen. An der automatischen Konstruktion komplexer Modelle wird jedoch gearbeitet.

Bei der Eingabe einer neuen Lageklasse ist zu beachten, daß diese zuverlässig wiedererkannt werden kann. Die zuverlässige Wiedererkennung hängt von zwei Voraussetzungen ab:

1) Die Werte der verwendeten Merkmale für das Modell der betreffenden Lageklasse müssen möglichst genau reproduzierbar sein, d.h. sie dürfen nur gering streuen, unabhängig davon, an welcher Stelle und mit welcher Orientierung sich das Werkstück im Bildfeld befindet.

2) Die Werte der verwendeten Merkmale müssen sich hinreichend von denen aller anderen eingelernten Lageklassen unterscheiden, so daß die Klassifikation zu einem eindeutigen Ergebnis führt.

Zur Erfüllung der ersten Voraussetzung bietet es sich an, das Werkstück in der einzugebenden Lageklasse mehrfach dem Sensor vorzulegen, und zwar an verschiedenen Stellen im Bildfeld. Je nach Programmierebene (automatisch/interaktiv) bestimmt der Bildsensor/Bediener, welche Merkmale reproduzierbar sind und für ein zuverlässiges Modell verwendet werden können.

Nach Festlegung reproduzierbarer Merkmale bleibt noch festzustellen, ob sich diese auch tatsächlich von denen der bereits eingelernten Lageklassen unterscheiden. Ein Beispiel mag die Problematik verdeutlichen. In Bild 2.2.2-4 sind diskrete Lageklassen eines Werkstückes gezeigt, bei dessen Erkennung systematische Verwechslungen aufgetreten sind (es handelt sich um dasselbe Werkstück wie in Bild 2.2.1-3, hier mit einer Achsneigung α = 90°; das Werkstück wurde ebenfalls um 180° in seiner β-Achse gedreht). Bei den Experimenten wurden häufig Stichproben aus dem Drehwinkelbereich β = 48° bis 60° mit den Silhouetten aus dem Drehwinkelbereich β = 123° bis 132° verwechselt.

Die Erklärung dieser Verwechslungen wird aus Bild 2.2.2-5 verständlich: Die verwendeten Merkmalsfunktionen F, I_1, I_2 sind in diesen beiden Intervallen in ihren Werten symmetrisch, so daß die Klassifikatoren nicht zwischen diesen Lagen unterscheiden können. In der Praxis können solche Fehlklassifikationen schwerwiegende Konsequenzen haben; es ist deshalb notwendig, bereits in der Lernphase die Gefahr solcher Verwechslungen festzustellen. Es wird daher vorgeschlagen, die <u>Lernphase</u> durch eine <u>Prüfphase</u> zu ergänzen /Foith

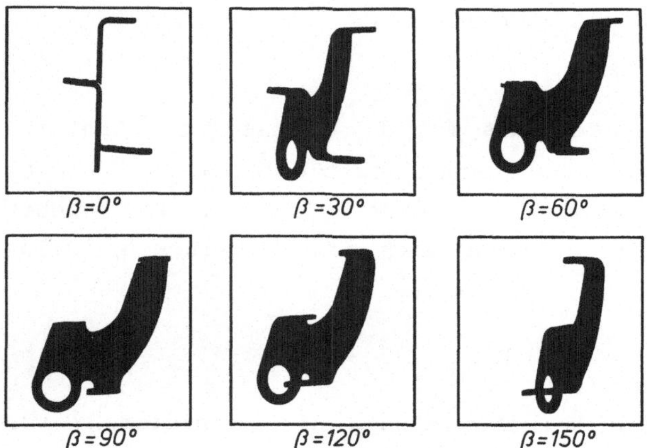

Bild 2.2.2-4: Lageklassen eines Werkstückes

'78/. Dies kann erreicht werden, wenn jeder Merkmalsvektor, bevor er endgültig in den Modellbereich übernommen wird, als Meßvektor aufgefaßt wird. Bei der Klassifikation stellt man fest, ob der Abstand zum nächsten, ähnlichen Modell groß genug ist, um Verwechslungen zu vermeiden. Ist dies nicht der Fall, so müssen weitere Maßnahmen ergriffen werden.

Für die Einrichtung einer solcher Prüfphase wird also vorausgesetzt, daß der Sensor in der Lage ist, Ähnlichkeiten zwischen Lageklassen festzustellen. Bei Modellen mit nur einer Region und der Verwendung komplexerer Modelle (z.B. relationaler Modelle) wird diese Prüfphase um einiges schwieriger; trotzdem sollte auf sie nicht verzichtet werden. Bei der Entwicklung von Erkennungsverfahren sollte man also stets darauf achten, auch Maße für die "Unterscheidbarkeit" von Modellen einzuführen. Ist diese Unterscheidbarkeit nicht gegeben, so ist es offensichtlich notwendig, zu einem anderen Merkmalsraum überzugehen. Hierfür kann der bereits bestehende Merkmalsraum erweitert werden, indem zusätzliche Merkmale aufgenommen werden. Alternativ können einfach andere Merkmale verwendet werden. Allerdings setzt die Änderung des Merkmalsraumes voraus, daß der Sensor diese Merkmale ebenfalls effizient extrahieren kann. Außerdem müssen im Prinzip alle bisher eingelernten Lageklassen neu eingelernt werden. Für solche Fälle wäre es günstig, wenn Bildsensoren mit größeren Merk-

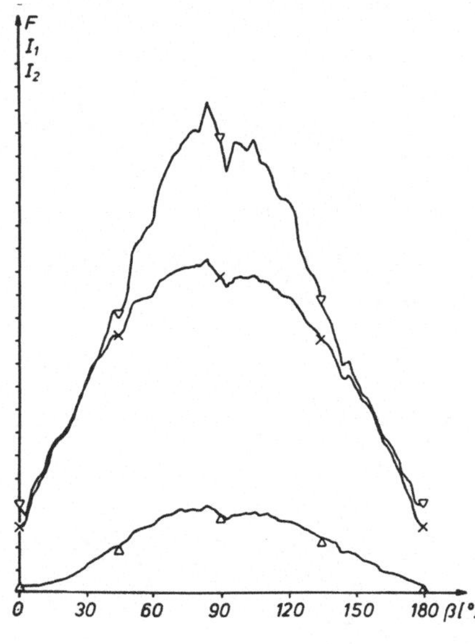

Bild 2.2.2-5: Symmetrische Merkmalsverteilung für Lageklassen aus Bild 2.2.2-4

malsräumen als notwendig arbeiten würden. Hierbei würden trotz Berechnung aller Merkmale stets nur diejenigen für die Klassifikation verwendet werden, die minimal notwendig sind. Nur bei Erweiterung des Modellraumes werden weitere Merkmale berücksichtigt. Gemessen am Stand der Technik sind wir von solchen flexiblen und intelligenten Bildsensoren allerdings noch weit entfernt.

Bei der Auswahl zusätzlicher Merkmale ist zu beachten, daß der Rechenaufwand zur Ermittlung dieser Merkmale nicht übermäßig ansteigt. Es liegt daher nahe, bereits vorhandene Merkmale weiter auszuwerten. Dies sei an einem Beispiel verdeutlicht. Wir gehen davon aus, daß der Merkmalsraum bisher aus F, I_1, I_2 besteht. In diesem Fall können die bereits berechneten Momente für die Bestimmung weiterer Merkmale verwendet werden: Mit ihrer Hilfe können sowohl "maximale Punkte" /Foith '78/ als auch umschreibende Rechtekke konstruiert werden. Maximale Punkte sind Punkte auf der Kontur einer Region, deren Abstand zum Schwerpunkt derselben ein lokales Maximum darstellt. Als maximale Punkte bieten sich an:

1) die vier Punkte der Kontur, K_j^1, j=1,...,4 die bezüglich der X- und Y-Achse am weitesten links/rechts, oben/unten liegen;

2) die vier Schnittpunkte der Momentachsen mit der Kontur, K_j^2, j=1,...,4. (Dabei werden auch Schnittpunkte mit der Kontur von Löchern zugelassen). Bild 2.2.2-6 zeigt Beispiele für maximale Punkte.

Da die Kontur nicht in analytischer Form vorliegt, muß man entlang den Momentenachsen vom Schwerpunkt nach außen laufen, bis die Kontur geschnitten wird. Hierfür ist die Geradengleichung der Momentenachsen notwendig. Mit Hilfe des Schwerpunktes und der Winkelbeziehungen aus Bild 2.2.2-7 ($\phi = \frac{\pi}{2} - \delta$ und $\rho = \frac{\pi}{2} + \phi$) erhält man für I_2:

$$I_2 : y = \tan(\pi - \delta) \cdot (x - x_s) + y_s \qquad (2.2.2-3)$$

wobei $\tan(\pi - \delta)$ die Steigung von I_2 ist. Die Steigung von I_1 erhält man aus:

$$m_{I_1} = \frac{1}{m_{I_2}} \qquad (2.2.2-4)$$

Ebenfalls mit Hilfe des Schwerpunktes erhält man daraus die Geradengleichung für I_1. Die Aufgabe, die Schnittpunkte mit der Kontur zu
finden, wird leichter, wenn man die Steigungen diskretisiert, indem
man beispielsweise nur Steigungen von 0, 1/2, 1, 2,... zuläßt und
entlang den entsprechenden diskreten Geraden prüft. Wenn man die so
gewonnenen maximalen Punkte auf den Schwerpunkt bezieht (Berechnung

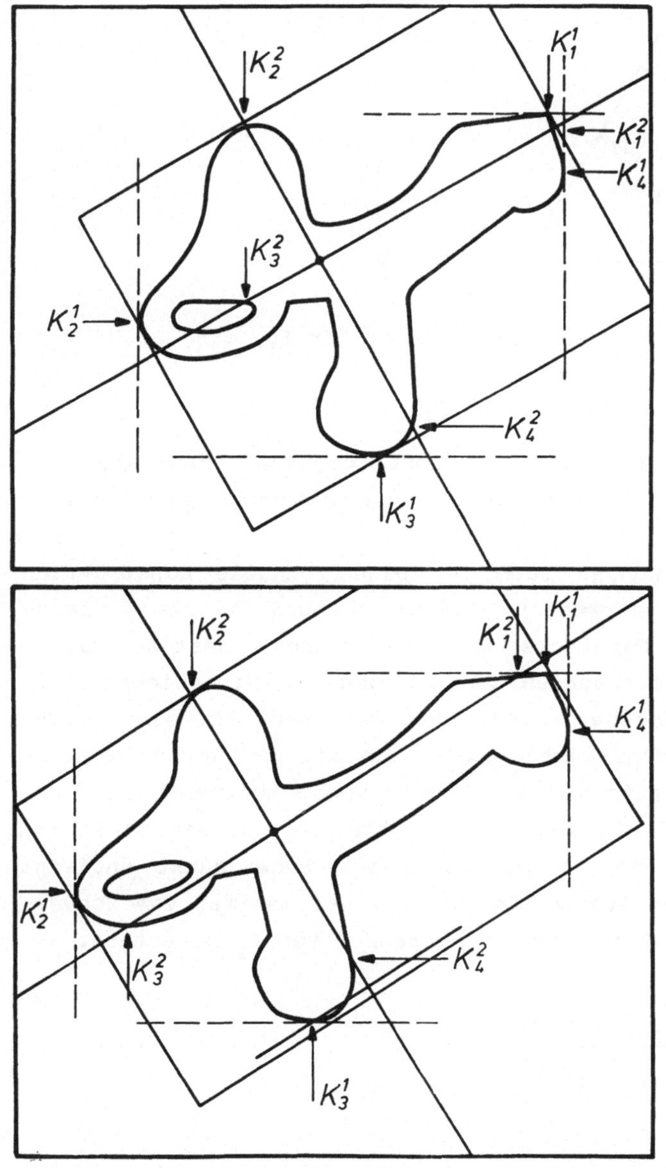

Bild 2.2.2.-6: Maximale Punkte und umschreibende Rechtecke /Foith '78/

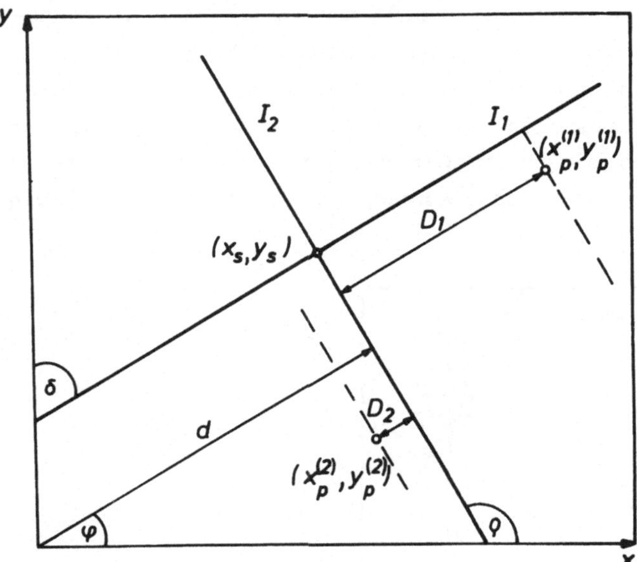

Bild 2.2.2-7: Berechnung der Geradengleichung für I_1, I_2

der Abstände aller maximalen Punkte im Uhrzeigersinn), dann kann man diese Abstände als eine Art Schablone für die Erkennung verwenden.

Diese maximalen Punkte können auch für eine schnelle Konstruktion umschreibender Rechtecke verwendet werden: Die gedankliche einfachste Art, umschreibende Rechtecke zu konstruieren, besteht darin, Parallelen zu den Momentenachsen nach außen zu verschieben, bis diese die Silhouette an keiner Stelle mehr berühren. Für eine solche Konstruktion ist es am günstigsten, wenn man mit dem Verschieben an Punkten beginnt, die bereits möglichst weit vom Schwerpunkt entfernt sind. Solche Punkte sind die maximalen Punkte. Aus diesen wählt man jeweils denjenigen aus, der am weitesten vom Schwerpunkt entfernt ist. Sucht man z.B. einen Startpunkt auf I_1, der maximal vom Schwerpunkt entfernt ist, so muß man dessen Abstand D von I_2 berechnen:

$$D = \frac{y_s - y_p + (x_p - x_s) \cdot \tan(\pi - \delta)}{\pm \sqrt{1 + \tan^2(\pi - \delta)}} \qquad (2.2.2-5)$$

Dabei werden für (x_p, y_p) die Koordinaten aller maximalen Punkte eingesetzt. Für die Bestimmung des Maximums reicht es aus, nur den

Zähler von (2.2.2-5) zu betrachten und $\tan(\pi - \delta)$ durch die diskreten Steigungen (siehe oben) zu ersetzen. Für die Steigung $= \infty$ geht (2.2.2-5) über in $D = x_p - x_s$. Von diesen derart berechneten Startpunkten aus (insgesamt vier: oben/unten, links/rechts) läuft man nach außen, bis die Kontur geschnitten wird. Aus den Dimensionen der so gewonnenen umschreibenden Rechtecke ergeben sich die gewünschten zusätzlichen Merkmale. Mit ihnen können die Silhouetten des Beispiels unterschieden werden.

Die Betrachtung zusätzlicher Merkmale hat sich aus Überlegungen bezüglich der Unterscheidbarkeit von Modellen ergeben. Als eine wichtige Maßnahme für die Erhöhung der Zuverlässigkeit eines Bildsensors wurde hierbei die Einführung einer Prüfphase vorgeschlagen. Eine zusätzliche Erhöhung der Zuverlässigkeit kann sich aus einer Erweiterung der Meßphase durch eine Verifikationsphase ergeben. Die Aufgabe der Verifikationsphase besteht darin, das Ergebnis der Klassifikation auf seine Richtigkeit zu überprüfen. Dies kann zum einen durch Plausibilitätsprüfungen erfolgen. Eine weitere Möglichkeit besteht darin, in der Lernphase redundante Information zu speichern, die nicht für die Klassifikation verwendet wird. Nach der Klassifikation kann diese Information dann für die Verifikation eingesetzt werden. Ein Beispiel für solche redundante Information können Schablonen aus maximalen Punkten sein, die auf den Schwerpunkt bezogen sind. Sobald das Ergebnis der Klassifikation vorliegt, werden diese Schablonen geprüft. Liegen die entsprechenden Schnittpunkte in der Nähe der Schablonenpunkte, so ist das Ergebnis richtig; ansonsten erfolgt eine Rückweisung. Eine solche Verifikationsphase ist ohne großen zusätzlichen Aufwand durchzuführen. Gemessen an den möglichen Folgen einer Fehlklassifikation ist ihre Bedeutung nicht zu unterschätzen.

2.3 Beispiele bestehender praktischer Bildsensoren

Die Entwicklung von Bildsensoren für praktische, industrielle Anwendungen hat in den siebziger Jahren begonnen; seit dieser Zeit ist das Interesse an solchen Sensoren ständig gewachsen. Typischerweise bestanden die ersten Ansätze in Simulationen auf Großrechnern, wobei auf Echtzeitverarbeitung kein großer Wert gelegt wurde. Entweder wurde der entsprechende Prozeß verlangsamt oder lediglich simuliert. Fast alle Ansätze beschäftigten sich mit ausgesuchten, isolierten

Problemen, die mit den zur Verfügung stehenden Mitteln zu lösen waren. Mit der explosiven Entwicklung der Mikroelektronik und der Mikro-Computer haben sich in wenigen Jahren Möglichkeiten ergeben, Systeme zu entwickeln, die - anstelle einer Simulation - den wirklichen Prozeß kontrollieren können. Im Zuge dieser Entwicklung werden zur Zeit des Schreibens (1981) die ersten kommerziellen Bildsensoren auf den Markt gebracht.

Im folgenden werden Beispiele für Ansätze für praktische Systeme aufgeführt. Die Fülle der Literatur ist so groß, daß hier lediglich stichwortartig auf die Original-Arbeiten verwiesen wird. Es sei hier noch einmal daran erinnert, daß die drei praktischen Aufgaben eines Bildsensors in der Sichtprüfung, der Handhabung und der Prozeßregelung liegen. Sichtprüfung und Handhabung treten oft gemeinsam auf: Werkstücke, die (durch einen Industrieroboter, etc.) zu handhaben sind, müssen gleichzeitig auf ihre Qualität geprüft werden; Werkstükke, die zu inspizieren sind, müssen auch gehandhabt werden (z.B. um sie dem Bildsensor in einer definierten Lage vorzuführen, so daß die Sichtprüfung unter definierten Bedingungen stattfindet.).

Beispiele für Formanalysen

Es gibt eine Reihe von Objekten, die großes Interesse bezüglich einer Sichtprüfung gefunden haben. Besonders häufig wurden folgende Teile untersucht.
Schrauben werden typischerweise auf die Form des Gewindes geprüft. Dies geschieht in der Regel mit Hilfe von Binärbildern, die relativ leicht gewonnen werden. Die Kontur von solchen Binärbildern wird in /Batchelor '78A/ ausgewertet, während /Mundy & Joynson '77/ aus dieser Kontur zunächst eine Mittenlinie extrahieren, die dann mit einer syntaktischen Methode analysiert wird. Ein anderer Ansatz arbeitet direkt mit der Silhouette der Schrauben und überführt diese in eine Lauflängenkodierung /Flöscher & Partmann '80/. Es sei hier vermerkt, daß /Mundy & Joynson '77/ spezielle Hardware und einen Minicomputer für die Echtzeitverarbeitung einsetzen, während /Flöscher & Partmann '80/ hierfür ein flexibles Baukastensystem einsetzen, das im Teil 3 dieser Arbeit näher beschrieben wird.

Automobil-Teile werden entweder auf ihre Qualität geprüft, oder es wird festgestellt, ob zusammengesetzte Teile vollständig montiert sind. Ein Beispiel für die Qualitätsprüfung ist /Perkins '79/, der die Form von Unterbrecherscheiben auf Rundheit und die Anordnung von Einbuchtungen prüft. Das Sichtprüfsystem ist in PL/1 auf einem IBM 370/168 Computer implementiert und verwendet Grauwertbilder als Eingabe. Die Kreislinie der Scheiben und ihre Einbuchtungen werden mit Hilfe des Sobel-Operators und einer einfachen Linienverfolgung extrahiert. Die Folge der Einbuchtungen wird mit einer gespeicherten Folge von Modell-Einbuchtungen verglichen. Als Ergebnis erhält man sowohl den Typ der Scheibe als auch ihre Orientierung. Ein Beispiel für die Inspektion komplizierter Teile findet sich in /Albrecht et al. '77/. Bei diesem Beispiel wird das Lenkgetriebe eines Polo (VW) auf Vollständigkeit untersucht. Es wird mit Binärbildern gearbeitet, die mit Hilfe eines FS-Interfaces in einen Minicomputer übertragen werden. Es wird die Anwesenheit von Sprengringen, Manschetten und ähnlichen Teilen geprüft. Alle Prüfungen basieren auf Formanalysen.

<u>Tabletten</u> werden typischerweise auf Rundheit geprüft. In /Nakamura et al. '78/ und /Nita '80/ wird ein Bildsensor beschrieben, der auch für eine Vielzahl anderer Aufgaben eingesetzt werden kann. Das System nimmt eine Komponentenmarkierung und die Berechnung von Flächen, Konturlinien und Schwerpunktkoordinaten vor; es ähnelt in seinem Aufbau dem System, das in Teil 3 dieser Arbeit beschrieben wird; allerdings scheinen die Autoren dieses System nicht für andere Anwendungen einzusetzen. Aus den bisher veröffentlichten Artikeln geht lediglich hervor, daß die Rundheit von Tabletten durch einen Vergleich von Konturlänge zur Fläche vorgenommen wird.
<u>Etikette</u> auf Flaschen, Packungen usw. müssen auf richtige Größe, Form, Vollständigkeit und richtige Plazierung geprüft werden. Eines der ersten Systeme hierfür prüft drei ausgewählte FS-Zeilen eines Binärbildes, um die exakte Positionierung eines Etikettes festzustellen /Callen & Anderson '75/. Im Gegensatz zu dieser primitiven Prüfung wird im Ansatz von /Brook et al. '77/ und /Claridge & Purll '78/ neben der richtigen Orientierung auch geprüft, ob das Etikett vollständig und in Ordnung ist. Hierfür wird eine Dioden-Zeilen-Kamera eingesetzt, die zusammen mit einem Förderband ein zweidimensionales Bild liefert. Das verwendete Binärbild wird durch einen Kantendetektor, der in Hardware implementiert ist, noch weiter reduziert. Durch die starke Datenreduktion wird trotz Einsatzes eines Mikro-Computers ein hoher Durchsatz erreicht.

<u>Beispiele für die Analyse komplexer Muster</u>

Neben diesen relativ einfachen Objekten werden auch komplizierte Werkstücke einer Sichtprüfung unterzogen; hierbei handelt es sich um Fälle, in denen der Mensch häufig überfordert ist. Ein typisches Beispiel sind <u>gedruckte Schaltungen</u>. Hier sind Einbuchtungen, Ausbuchtungen, Lücken, Abstände zwischen Leiterbahnen usw. zu prüfen. Dieser Anwendungsfall hat besonders viel Beachtung gefunden, und es gibt vier prinzipielle Techniken für diese Art der Sichtprüfung /Jarvis '80/. Diese sind:

1) Methoden, die lokale Form und Größe benutzen; dies sind die am häufigsten verwandten Techniken /Ejiri et al. '73/, /Restrick '77/, /Goto et al. '78/, /Sterling '79/.
2) Der Vergleich von Bildpunkt zu Bildpunkt; diese Methode ist schwierig zu implementieren, weil die Teile sehr exakt ausgerichtet und positioniert sein müssen.
3) Der Vergleich lokaler Muster /Jarvis '80 A/;
4) Der Vergleich symbolischer Beschreibungen /Thissen '77/78/.

Neben diesen Methoden haben Techniken, bei denen syntaktische Modelle die Bahnmuster beschreiben, Interesse gefunden.

Typische Beispiele für die <u>Anwendung von Bildsensoren in Handhabungsaufgaben</u> sind die folgenden.
<u>Die elektrische Prüfung von integrierten Bausteinen</u> erfordert die exakte Bestimmung von Lage und Orientierung der Bausteine auf Schaltungen. Nur so können die Prüfkontakte genau für funktionale Tests positioniert werden /Baird '76A/, /Baird '78/. Die Bausteine werden mit einem relationalen Schablonenvergleich in Grauwertbildern gefunden; die Schablonen bestehen aus den Ecken der Bausteine. Aus der Lage der gefundenen Ecken wird auch die Drehlage der Bausteine bestimmt.

<u>Bonden von integrierten Schaltungen</u> stellt ähnliche Anforderungen wie die elektrische Prüfung. Auch hier muß die exakte Lage und Orientierung der Bausteine bestimmt werden, um bonden zu können. Zwei Beispiele für Ansätze sind /Kashioka et al. '76/, die lokale Schablonenvergleiche für die Positionierung verwenden; und /Hsieh & Fu '79/, die das Bild horizontal und vertikal entlang ausgewählten Prüflinien abtasten, um aus den Grauwertprofilen die Maskenlage und

Orientierung zu bestimmen. Gleichzeitig werden auch die Lagen zweier
Bondingflächen ermittelt. Das erste System ist zum Teil in Hardware
realisiert und arbeitet in Echtzeit; das zweite System wurde lediglich auf einem Minicomputer simuliert.

<u>Sortieren von Teilen</u> entsprechend ihrer Art, Lage und Orientierung
ist ein besonders häufiges Problem in der Industrie. Ein Grund
hierfür ist die Tatsache, daß üblicherweise Werkstücke ungeordnet in
Behältern transportiert und gebunkert werden. Für die Verarbeitung
am Werksplatz ist es jedoch erforderlich, die Teile in definierten
Lagen einzubringen. Sortieranlagen, die durch Bildsensoren kontrolliert werden, bestehen in der Regel aus vier Komponenten: 1) einem
Zuführungssystem, 2) dem Bildsensor, 3) einem Handhabungsgerät und
4) einer Ablage. Es wäre am günstigsten, wenn man die Teile aus der
ungeordneten Kiste direkt mit dem Handhabungsgerät entnehmen könnte
("Griff in die Kiste"). Mit wenigen Ausnahmen - und hier handelt es
sich um Sonderfälle - ist man noch weit von der Lösung des "Griffs
in die Kiste" entfernt. Das Problem des automatischen Sortierens von
Teilen hat jedoch großes Interesse gefunden, und es gibt eine Reihe
praktikabler Ansätze, bei denen die Teile zumindest grob vereinzelt
werden.

Als Zuführungssysteme werden Vibrationswendelförderer, Rutschen oder
Förderbänder verwendet; bei den Bildsensoren handelt es sich teilweise um spezielle Hardware, häufig in Verbindung mit einem Minicomputer; als Handhabungsgeräte werden eingesetzt: Weichen, X-Y-Tische,
Drehteller, "Pick-&-Place"-Geräte (dies sind mechanische Arme, die
auf eine fest vorgegebene Stelle zugreifen) oder Industrieroboter;
die Werkstücke werden entweder direkt in eine Maschine eingelegt
oder in Magazine und Paletten abgelegt. Im folgenden werden einige
Beispiele solcher Sortiersysteme aufgeführt.

/Cronshaw et al. '79/, /Cronshaw et al. '80/ verwenden einen Vibrationswendelförderer mit einer Rutsche, in der zwei Bündel von Licht-
leiterfasern im rechten Winkel zueinander installiert sind. Durch
die Lichtleiter erhält man zwei schlitzförmige Ansichten der vorbei-
rutschenden Objekte. Die Erkennung wird mit Punktschablonen vollzogen, die interaktiv konstruiert werden. Dieser experimentelle Aufbau
ist allerdings nicht vollständig, da keine Handhabung der erkannten
Teile stattfindet.

/Saraga & Skoyles '76/ kombinieren einen Vibrationsförderer mit einem X-Y-Tisch mit Drehachse. Der Wendelförderer bringt die Werkstücke auf den X-Y-Tisch, der sich im Bildfeld des Bildsensors befindet. Nach der Erkennung des Teils und der Bestimmung seiner Drehlage wird der Tisch so gedreht und verschoben, daß das Teil in einer vorgegebenen Drehlage an einer festgelegten Stelle liegt. Von dort wird das Teil durch einen Pick-&-Place-Manipulator aufgenommen und in einem Magazin abgelegt. Die Erkennung der Werkstücke erfolgt mit Hilfe von Modellen, die Merkmale wie Fläche, Konturlänge, polare Radiusfunktion usw. enthalten.

Die Idee, Handhabungsvorgänge in mehrere Aktionen aufzuteilen, ist vorteilhaft, weil dies den Einsatz einfacher Manipulatoren ermöglicht, die Zeit-optimal arbeiten können. Dieses Prinzip ist noch konsequenter im Ansatz von /Hill & Sword '80/ realisiert worden. Ihr System besteht aus einem Vibrationsförderer (oder Förderband), einem Schlitten, einer Hebebühne, einer Drehscheibe, einem Bildsensor und einem Industrieroboter. Durch Computer-kontrollierte Bewegungen der Hebebühne, des Schlittens und der Drehscheibe werden Werkstücke in eine vorgegebene Lageklasse, Lage und Orientierung gebracht, so daß der Industrieroboter die Teile definiert ablegen kann. Wenn ein Teil in einer unerwünschten Lageklasse präsentiert wird, wird es aus einer bestimmten Höhe von der Hebebühne gestoßen. Diese Höhe hängt von der aktuellen und der erwünschten Lageklasse ab. Der Vorgang des "kontrollierten Stürzens" beruht auf der Tatsache, daß Objekte je nach Höhe und Lageklasse fast immer in einer bestimmten anderen Lageklasse landen. Liegt das Teil in der richtigen Lageklasse, so wird es mit Hilfe der Drehscheibe auch noch in die richtige Orientierung gebracht. Der Schlitten verschiebt das Teil zwischen der Hebebühne, der Drehscheibe und dem Ort, von dem aus es gegriffen wird. Der Roboter legt das Teil auf einer Palette ab; diese liegt auf einem weiteren X-Y-Tisch, so daß auch hier der Vorgang des Ablegens vom Palettiervorgang entkoppelt ist. Der verwendete Bildsensor ist das "Vision Module VS 100", das weiter unten ausführlicher besprochen wird.

Ein Beispiel für das Handhaben von Teilen auf einem Förderband ist die Arbeit von /Zurcher '78/. Der Bildsensor ermittelt die Kontur des Werkstückbildes, berechnet daraus den Schwerpunkt für die Lagebestimmung und vergleicht die polare Abstandsfunktion mit einer gespeicherten Musterfunktion zur Bestimmung der Drehlage. Mit diesen Daten wird ein Manipulator angesteuert, der die Teile vom fließenden Band greift. Hierfür wird ein Magnetgreifer eingesetzt, der "blitzschnell" zupackt, so daß das Problem des Nachführens vermieden wird. In Teil 3 dieser Arbeit wird ein weiteres Beispiel für den Griff vom Band beschrieben.

Der Einsatz eines Industrieroboters für die Handhabung erlaubt es, auch Werkstücke zu greifen, die sich überlappen oder aufeinander liegen. Dies kann vorkommen, wenn Teile von einer Rutsche zugeführt werden. Ein Beispiel für einen experimentellen Aufbau ist die Arbeit von /Kelley et al. '77/. Es wird ein Binärbild der Werkstücke aufgenommen und nach lokalen Merkmalen abgearbeitet. Aus diesen Merkmalen werden Kandidaten für die Erkennung der Werkstücke ausgewählt. Diese Liste von Kandidaten wird reduziert, indem Relationen zwischen den Merkmalen geprüft werden. Wenn ein Werkstück erkannt wurde und seine Orientierung ermittelt wurde, wird geprüft, ob der Roboter das Teil auch greifen kann. Falls dies zutrifft, wird das Teil aus dem Werkstückhaufen gegriffen, und der Bildsensor sucht nach weiteren Werkstücken.

Dieser Ansatz stellt einen Schritt in Richtung "Griff in die Kiste" dar. Dieses Problem wird von zwei ähnlichen Ansätzen aufgegriffen und - mit Einschränkungen - gelöst. /Kelley et al. '79/ verwenden einen Vakuum-Greifer, der flexibel aufgehängt ist, so daß er sich geneigten Werkstückoberflächen anpaßt. Es werden zwei Kameras eingesetzt: Eine Kamera ist auf dem Robotarm installiert und ermittelt glatte Werkstückoberflächen, auf denen der Sauggreifer Halt findet. Wenn das Werkstück vom Roboter gegriffen wurde, weiß man natürlich nicht, in welcher Lageklasse es liegt. Deshalb hält der Roboter das Teil vor eine zweite Kamera, mit deren Hilfe die Lageklasse und die exakte Lage bestimmt werden. Danach kann der Roboter das Teil in der richtigen Lageklasse an einem vorgegebenen Ort ablegen.

Ein ähnlicher Ansatz wird von /Geisselmann '80/ verwendet, der allerdings einen Magnetgreifer anstelle des Sauggreifers einsetzt. Der Magnetgreifer wird in einer Suchphase locker an einem Draht durch die Kiste bewegt, bis ein Teil am Magnet hängen bleibt. Dies wird durch Messung des Magnetflusses festgestellt. Der Greifer geht daraufhin in einen starren Zustand über, indem der Magnet in eine Halterung zurückgezogen wird. In diesem starren Zustand legt der Greifer das Teil in das Bildfeld eines Bildsensors, der die Lageklasse, Lage und Drehlage ermittelt. Danach wird das Teil definiert aus dem Bildfeld gegriffen und auf einer Palette abgelegt. Diese beiden Ansätze lösen zwar in gewisser Weise den Griff in die Kiste, eignen sich aber nur mit Einschränkungen für die Praxis. Dies liegt in erster Linie an der umständlichen Vorgehensweise, die sehr zeitintensiv ist. Bei den Experimenten von /Geisselmann '80/ dauert es durchschnittlich ca. 30 Sekunden, bis ein Teil aus der Kiste definiert abgelegt ist.

<u>Montage-Aufgaben</u> werden häufig mit der Hilfe von taktilen Sensoren durchgeführt, z.B. beim Fügen von Bolzen, um ein Klemmen zu verhindern. Der Einsatz von Bildsensoren erscheint für diesen Anwendungsfall jedoch ebenfalls von Interesse, insbesondere um den Manipulator zumindest in die Nähe der Stelle zu bringen, an der der Fügevorgang stattzufinden hat. Es gibt mehrere Ansätze für die Durchführung von Fügevorgängen unter der Kontrolle eines Bildsensors. Ein Beispiel sind Experimente von /Tani et al. '77/, bei denen rechteckige Blöcke in rechteckige Löcher mit einem Manipulator eingebracht werden. Die Bildaufnahme erfolgt mit Hilfe von Lichtleitern, die auf dem Manipulator angebracht sind. Aus einem Binärbild werden die Konturen des Blocks und des Loches ermittelt. Der Block wird solange bewegt, bis seine Kontur parallel zur Kontur des Loches ist. Dabei müssen allerdings perspektivische Verzerrungen beachtet werden.

In einem anderen Ansatz ist die Kamera direkt in der Roboterhand installiert /Agin '77B/. Die Montageaufgabe besteht ebenfalls darin, Bolzen in Löcher zu fügen. Der Roboterarm wird zunächst grob über einem Loch positioniert und dann mit zwei Feinkorrekturen in die exakte Position gebracht. Eine ähnliche Aufgabe wurde in einem verwandten Experiment untersucht /McGhie & Hill '78/. Hier besteht die Montageaufgabe darin, den Deckel auf ein Kompressorgehäuse zu setzen und mit acht Bolzen zu befestigen. Der experimentelle Aufbau besteht aus einem Industrieroboter, einem X-Y-Tisch und einem Bildsensor. Der Bildsensor wertet Binärbilder des Kompressorgehäuses aus und steuert den X-Y-Tisch, auf dem das Gehäuse liegt, so, daß der Deckel aufgelegt werden kann. Nach jedem Montageschritt inspiziert der Bildsensor das Ergebnis, um zu prüfen, ob alles in Ordnung ist.

Ein weiteres Beispiel für die Automatisierung von Montageaufgaben ist die Arbeit von /Olsztyn et al. '73/. Hier werden Räder mit einem Manipulator montiert, der durch einen Bildsensor gesteuert wird. In diesem Experiment muß der Bildsensor sowohl die Bolzen der Radnabe als auch die Löcher in den Rädern finden. Es wird zunächst das Symmetriezentrum der Nabe und des Rades bestimmt und danach eine kreisförmige Suche nach Bolzen und Löchern durchgeführt. Da der verwendete Bildsensor sehr langsam war (1973!), dauerte die durchschnittliche Lagebestimmung über 30 Sekunden. Mit den heute zur Verfügung stehenden Sensoren kann diese Zeit vermutlich unter eine Sekunde gesenkt werden.

Alle bisher erwähnten Montageaufgaben sind relativ einfach und können heute mit vertretbarem Aufwand realisiert werden. Das letzte Beispiel eines experimentellen Aufbaues soll demonstrieren, wie schwierig komplexe Montageaufgaben sind und welch großer Aufwand für ihre Lösung erforderlich ist. /Kashioka et al. '77/ beschreiben die Endmontage eines Staubsaugers mit Industrierobotern und Bildsensoren. Zur Lösung der Aufgabe ist es notwendig, zwei Roboterarme (davon einen für Beleuchtungen und Kameras) und sieben (!) Kameras einzusetzen.

All diese Beispiele zeigen die Breite der Aufgaben für Bildsensoren. In vielen Fällen wurden spezifische Lösungen für ausgewählte Aufgaben gesucht, die sich kaum verallgemeinern lassen. Häufig werden diese Lösungen lediglich simuliert oder in einem off-line Betrieb verwirklicht, d.h. nicht im laufenden Produktionsbetrieb. Singuläre Lösungen und Simultationen sind für die Praxis relativ uninteressant, da sie jedesmal langwierige Entwicklungsarbeiten notwendig machen, wenn ein neuartiges Problem zu lösen ist. Es gibt jedoch eine Reihe von Ansätzen, die allgemeineren Charakter haben und zu praktischen Bildsensoren führen. Diese Ansätze lassen sich in vier verschiedene Kategorien einordnen, je nach dem Grundaufbau, der dem Bildsensor zugrundeliegt. Diese Kategorien sind:

1) Software-orientierte Systeme

Derartige Systeme speichern das Bild während der Bildaufnahme entweder direkt im Computer oder in einem speziellen Bildspeicher. Die Bildanalyse wird vollständig in Software auf dem gespeicherten Bild ausgeführt. Üblicherweise wird ein Mikro- oder Mini-Computer als Rechner eingesetzt. Diese Systeme sind sehr flexibel, und es ist nicht überraschend, daß sie in Forschungsinstituten für Grundlagenarbeiten eingesetzt werden /Batchelor '78 B/, /Birk et al. '79 A,B/. Typischerweise werten diese Systeme Binärbilder aus, z.B. /Pugh et al. '78/. In einigen Fällen wird ein Grauwertbild gespeichert, und erst das gespeicherte Bild wird in ein Binärbild überführt, z.B. /Spur et al. '78/. Zur Zeit des Schreiben (1981) werden nur wenige dieser Systeme kommerziell hergestellt und vertrieben. Unter den Software-orientierten Systemen ist wohl das VS-100 System der Machine Intelligence Corporation (Mountain View, Cal.) das erfolgreichste System. Es ist das Ergebnis der Arbeiten am Stanford Research Institute /Agin & Duda '75/. Man kann mehrere Kameras gleichzeitig an das VS-100 anschließen, und es stehen drei verschiedene Halbleiter-Kameras (mit Auflösungen zwischen 256x1 und 240x240 Bildpunkten) sowie FS-Kameras zur Verfügung. Die Hardware besteht lediglich aus einer Binarisierungs-Einheit, einem Lauflängen-Kodierer, einem Bildspeicher und einem DEC LSI-11 Computer. Für dieses System liegt eine umfangreiche Software-Bibliothek vor mit Programmen für: Komponenten-markierung, Berechnung von insgesamt 13 Merkmalen (wie z.B. Fläche, Konturlänge, Schwerpunktkoordinaten, Anzahl von Löchern, minimale und maximale polare Abstände usw.), Nächste-Nachbar-Klassifikatoren, ein Menü-gestütztes Betriebssystem, sowie Ein/Ausgabe-Kanäle für die Kommunikation mit peripheren Geräten (wie z.B. Weichen, X-Y-Tischen, Industrieroboter usw.). Die typischen Verarbeitungszeiten, die das VS-100 erreicht, liegen in einem Bereich zwischen 25 ms und 2,5 Sekunden. Die extrem kurzen Verarbeitungszeiten von wenigen Millisekunden werden allerdings nur in Ausnahmefällen erreicht; die durchschnittliche Verarbeitungszeit für ein komplexes Binärbild liegt deutlich im Sekundenbereich.

2) Hardware-orientierte Systeme

Diese Systeme setzen spezielle Hardware ein, um das Bild nach einem bestimmten Gesichtspunkt direkt während der Bildabtastung zu verarbeiten. In der Regel werden hier nur einfache Operationen vorgenommen. Beispiele sind ein Ansatz für das Schneiden von ausgesuchten FS-Zeilen mit Vergleich von Punktschablonen /Bretschi '76/ oder der Polarchek /Geisselmann '80/.

3) Hybride Systeme

Bei derartigen Systemen versucht man, die hohe Flexibilität der
Software-orientierten Systeme mit der hohen Verarbeitungsgeschwindigkeit der Hardware-orientierten Systeme zu verbinden. Hierbei werden
rechenintensive Aufgaben in die Hardware verlegt; dort wo Flexibilität gefordert ist, wird Software eingesetzt. Zwei Beispiele für
hybride Systeme sind die Geräte von /Karg '78/, /Karg & Lanz '79/
und von /Armbruster et al. '79/, /Martini & Nehr '79/. Das erste
Gerät verwendet zwei Prozessoren, wobei ein LSI-11/2 Computer das
Gesamtsystem kontrolliert und ein 'Bit-Slice'-Computer für schnellen
Zugriff auf Bilddaten eingesetzt wird. Dieses System binarisiert das
Bild während der Bildabtastung, speichert Bilder in zwei Bildspei-
chern und greift auf diese mit dem Bit-Slice-Prozessor zu. In zwei
nachfolgenden Verarbeitungsschritten werden Merkmale extrahiert.
Diese sind: Fläche, Schwerpunktkoördinaten, polare Abstände, die
Funktion der Fläche über dem polaren Abstand oder Schnittpunkte des
Polarchecks. Das zweite System verwendet ähnliche Merkmale. Im Gegen-
satz zum ersten System wird spezielle Hardware eingesetzt, um die
Fläche und die Schwerpunktkoordinaten aus einem Binärbild zu berechnen.

4) Lichtschnitt-Systeme

Lichtschnittsysteme stellen eine besondere Klasse von Bildsensoren
dar und weisen viele Eigenschaften auf, die sie für praktische
Anwendungen brauchbar machen. Der Einsatz von Lichtschnitt-Methoden
liefert oft sehr zuverlässige Ergebnisse. Im Prinzip können die
entstehenden Bilder sehr leicht in Binärbilder überführt werden,
ohne Information zu verlieren. Existierende Lichtschnittsysteme verwenden entweder Diodenzeilen oder zwei-dimensionale Dioden-Kameras.

Ein Beispiel für den Einsatz einer Diodenzeile ist das 'CONSIGHT'-
System /Ward et al. '79/, das zur Beleuchtung zwei Lichtschlitze
verwendet. Der Einsatz der Zeilenkamera ist möglich, weil die Werkstücke auf einem Förderband am Sensor vorbeigeführt werden. Auf
diese Weise werden die Silhouetten der Werkstücke sequentiell aufgenommen. Zu ihrer Erkennung werden die Fläche, die ersten und zweiten
Momente und Löcher als Merkmale verwendet. Ein ganz ähnlicher Ansatz
wird von /Wolf '79/ verwendet, der zwei-dimensionale Merkmale der
Werkstücksilhouette als auch drei-dimensionale Merkmale des Werk-
stückvolumens (mit Hilfe von Triangulation) auswertet.

Zwei-dimensionale Kameras werden von /Vanderburg et al. '79/ und /Toda & Masaki '80/ eingesetzt. Die Anwendung von Lichtschnittmethoden für die Objektverfolgung und die Schweißbahnverfolgung findet sich in /Agin '79/. Wie bereits erwähnt, lassen sich Lichtschnittbilder leicht in Binärbilder überführen, so daß prinzipiell bestehende Bildsensoren eingesetzt werden können. Ein besonderer Vorteil der Lichtschnitt verfahren besteht darin, daß durch Triangulation direkt dreidimensionale Information über die Szene extrahiert werden kann.

Wie bereits in Abschnitt 1.3 ausgeführt, ist es sehr schwierig, eine a-priori Beurteilung von Sensorsystemen zu geben. Es kann jedoch allgemein festgestellt werden, daß Bildsensoren aus dem Laborstadium herausgetreten sind. Erste kommerzielle Geräte sind bereits auf dem Markt erhältlich, und weitere werden bald folgen. Ansätze für die Produktion solcher Systeme liegen in einer Vielzahl von Firmen (insbesondere in den USA) vor, und es kann erwartet werden, daß diese Systeme breite Anwendung finden.

3 S.A.M. – Ein Baukastensystem für praktische Bildsensoren

In diesem Teil der Arbeit wird ein Baukastensystem beschrieben, das
von der Gruppe "Maschinensehen" des Fraunhofer-Institutes für Infor-
mations- und Datenverarbeitung (IITB) entwickelt wurde. Das System
wurde unter dem Projektnamen "MODSYS" (für: modulares System) entwik-
kelt /Foith et al. '78/, /Foith '79/, /Foith et al. '80/, /Ringshau-
ser '80/, /Enderle '80/, /Foith et al. '81/. Das System wurde von
der Robert Bosch GmbH, Darmstadt, übernommen und wird dort gefertigt
und vertrieben. Der Produktname ist "S.A.M." (für: "Sensorsystem für
Automation und Meßtechnik").

Zunächst soll erklärt werden, welche Leitgedanken hinter der Entwicklung von S.A.M. standen. In den beiden vorausgegangenen Teilen
dieser Arbeit wurde ausführlich gezeigt, wie breit das Spektrum von
Aufgaben für Bildsensoren ist. Es gibt einfache Meßaufgaben auf der
einen Seite und komplexe Erkennungsaufgaben auf der anderen Seite.
Auch bezüglich der geforderten Verarbeitungszeiten liegt eine weite
Spanne vor. Es ist offensichtlich, daß nicht ein einziges, universel-
les Sensorsystem wirtschaftlich in allen diesen Anwendungsfällen
eingesetzt werden kann. Es kann z.B. eine einfache Aufgabe vorliegen, für die viel Zeit zur Verfügung steht. Hier bietet sich der
Einsatz eines Software-orientierten Systemes an, das das Bild speichert. Umgekehrt gibt es komplexe Aufgaben, bei denen nur sehr wenig
Zeit (Zehntelsekunden) gegeben ist. Hier wird der Einsatz spezieller
Hardware notwenig.

Anstelle eines universellen Bildsensors wurde statt dessen mit
S.A.M. ein Baukastensystem konzipiert, aus dessen Moduln sich verschiedenartige Bildsensoren konfigurieren lassen. Ein solches System
erlaubt es, jeweils problemangepaßte Sensoren zu realisieren. S.A.M.
besteht aus Hardware- und Software-Moduln, die eine extrem schnelle
Bildanalyse ermöglichen. Typische Analysezeiten liegen zwischen 50
und 500 Millisekunden. S.A.M. kann "nach unten" zu einem einfachen
Meß-System ausgebaut werden; es kann ebenso "nach oben" zu einem

System erweitert werden, mit dem gewisse Grauwertbilder verarbeitet werden können.

Aus S.A.M. Komponenten können sowohl einfache als auch komplexe Konfigurationen aufgebaut werden. Bild 3.-1 zeigt ein am IITB erstelltes Labormuster einer S.A.M.-Konfiguration. Wie man dem Bild entnehmen kann, wird das Gerät lediglich mit einer Tastatur und einem Feld von Funktionstasten bedient. Mit dem Tastenfeld werden START und STOP gegeben; außerdem kann man auswählen, welches Bild (Grauwertbild, Binärbild, Speicher 1, Speicher 2) auf einem FS-Monitor dargestellt werden soll. Die eigentliche Bedienung des Gerätes erfolgt in einem Bildschirm-Dialog, in dem der Bediener vom System "geführt" wird. Auf diese Weise kann das Gerät auch von ungeübten Personen zuverlässig bedient werden.

Bild 3.-1: Beispiel einer S.A.M.-Konfiguration

3.1 S.A.M. - Hardware Module

Bei der Echtzeitverarbeitung von Bildern stellt die ungeheure Datenmenge der Bilder das größte Problem dar, umsomehr als bei praktischen Systemen aus Kostengründen nur Mikro- oder Mini-Computer eingesetzt werden können. Es ist deshalb besonders wichtig, die Datenmenge so stark wie möglich zu reduzieren. Beim Entwurf von S.A.M. wurde davon ausgegangen, daß der Mikroprozessor niemals das gesamte Bild "sehen" sollte, sondern höchstens interessante Ausschnitte davon. Oder noch besser: Der Mikroprozessor sollte nur Daten zu verarbeiten haben, die bereits aus den Bildern durch spezielle Hardwarepozessoren extrahiert wurden. Aus diesem Grund sind in S.A.M. eine Reihe von Eigenschaften realisiert worden, die auf verschiedene Weise zu einer Datenreduktion führen. Diese Eigenschaften unterscheiden S.A.M. von fast allen anderen bekannten Bildsensoren. Die wichtigsten Eigenschaften sind:

- die Fähigkeit der iterativen Bildverarbeitung

Nach der Binarisierung der Bilder sind in der Regel viele kleine Störungen zu beseitigen. Dies geschieht üblicherweise mit der Anwendung von Operatoren wie Erosion oder Dilatation (siehe Abschnitt 2.1.2). Um eine gute Wirkung zu erzielen, müssen diese Operatoren iterativ angewandt werden. Mit Hilfe zweier Bildspeicher ist eine solche iterative Bildverarbeitung ohne großen Aufwand möglich; ein S.A.M.-Modul, der "Bildfeld-Prozessor", kann (zur Zeit acht) verschiedene lokale Operatoren auf ein Binärbild anwenden. Zur iterativen Verarbeitung wird das Bild aus einem Speicher ausgelesen, verarbeitet und in den zweiten Speicher eingelesen. Danach wird festgelegt, welcher weitere Operator auf das entstandene Bild angewandt werden soll, und der Vorgang des Auslesens wird wiederholt. Wegen des Hin- und Her-Schiebens des Bildes zwischen zwei Speichern sprechen wir von der "Ping-Pong"-Verarbeitung.

- On-line Bildanalyse

Während der Bildabtastung können folgende Analyseschritte auf einem Binärbild ausgeführt werden: 1) Komponentenmarkierung (für bis zu 255 Marken); 2) Berechnung von Flächen; 3) Berechnung von Konturlängen; 4) Berechnung der Anzahl von Löchern in einer

Region; 5) Berechnung der Schwerpunktkoordinaten. Die Schritte 2) bis 5) werden dabei jeweils auf die markierten Regionen bezogen.

- <u>Invertierung des Binärbildes</u>

Bei der Verarbeitung der Binärbilder und bei ihrer Analyse werden in S.A.M. jeweils schwarze Regionen als Figur betrachtet, weiße Regionen sind Hintergrund. Dies bedeutet, daß im Prinzip nur Regionen ausgewertet werden, deren Grauwert <u>unter</u> dem vorgegebenen Schwellwert liegt. Durch die Invertierung der Polarität der Binärbilder können auch Regionen mit helleren Grauwerten erfaßt werden. Die Invertierung erlaubt auch, Merkmale wie Flächen, Konturlängen usw. von Löchern zu berechnen. Man wertet zunächst das eigentliche Binärbild aus und speichert es gleichzeitig. Danach wird das Bild aus dem Speicher ausgelesen, dabei invertiert, und die gewünschten Merkmale werden von der Hardware on-line berechnet. Auf diese Weise erhält man eine vollständige Analyse von Regionen, die Löcher enthalten.

- <u>Das Maskieren von Regionen</u>

In vielen Fällen ist man nur an einigen wenigen Regionen im Bild interessiert, die man häufig bereits aufgrund der on-line berechneten Merkmale erkennen kann. Wenn man mit diesen Regionen weitere Analysen vollziehen will (z.B. den Polarcheck), so führen benachbarte, uninteressante Regionen oft zu Störungen. Es ist deshalb wünschenswert, das Bild von allen uninteressanten Regionen zu befreien. Dies kann durch Maskieren dieser Regionen geschehen, d.h. sie werden bei einer zweiten Bildabtastung unterdrückt. Das Maskieren von Regionen geschieht in einem speziellen Arbeitsmodus des Moduls für die Komponentenmarkierung. Nach einer Bildanalyse wird diesem Modul eine Liste derjenigen Marken von Regionen übergeben, an denen man interessiert ist. Diese Marken werden gesetzt. Für das Maskieren wird das Bild aus einem Bildspeicher ausgelesen und die Komponentenmarkierung wiederholt. Dabei wird geprüft, ob eine Marke gesetzt ist. Alle Regionen, deren Marken nicht gesetzt sind, werden aus dem Binärbild unterdrückt. Die Komponentenmarkierung arbeitet mit FS-Geschwindigkeit, d.h. ein Halbbild wird in 20 ms abgearbeitet.

- Logische Verknüpfungen zwischen Bildern

In einigen Anwendungen ist es sinnvoll, Ergebnis-abhängige Bildfenster zu setzen, z.B. bei der Analyse von Bildfolgen, wenn man den ungefähren Ort einer Region aus dem vorausgegangenen Bild vorhersagen kann. In diesem Fall wird das vorausgegangene Bild mit dem neu eingelesenen Bild logisch so verknüpft, daß im neuen Bild das Bildfenster nur noch die interessierende Region und deren Umgebung enthält. Eine weitere Möglichkeit, logische Verknüpfungen zwischen Bildern auszunützen, besteht darin, Eingabebilder mit künstlichen Mustern zu schneiden. Als Ergebnis erhält man transformierte Bilder, die leicht ausgewertet werden können.

Gesamtstruktur des Systems

Die Gesamtstruktur des Systems spiegelt den Leitgedanken der Datenreduktion wieder. Um das System konfigurierbar zu machen, mußte es Bus-orientiert ausgelegt werden. Der S.A.M.-Bus besteht aus zwei Teilsystemen, einem Video-Bus und einem Prozessor-Bus.

Wenn man Bild 3.3.-1 von links nach rechts betrachtet, so findet man

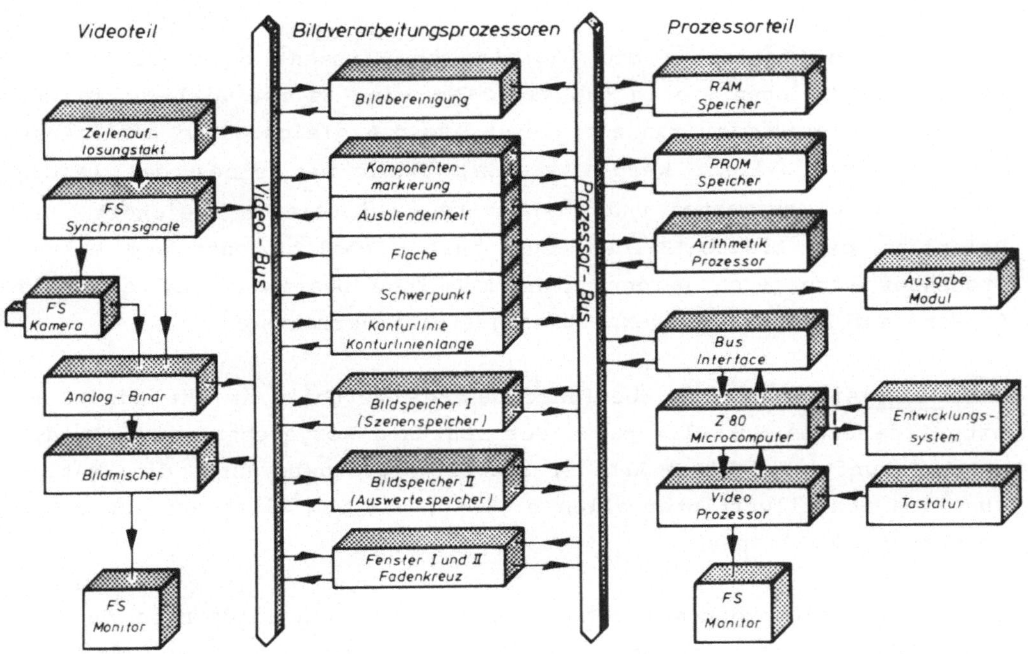

Bild 3.1-1: Blockdiagramm der S.A.M.-Hardware

drei Schichten von Prozessoreinheiten: 1) Video-Schaltungen; 2) Bild-
verarbeitungs- und Analyse-Prozessoren; 3) Datenverarbeitungsprozes-
soren (inklusive Speichern). Die Videoschaltungen und die Bildverar-
beitungs/Analyse-Module (inklusive Bildspeichern) arbeiten gemeinsam
auf dem Video-Bus; die Bildverarbeitungs/Analyse/Speicher-Module
greifen auf den Prozessor-Bus gemeinsam mit dem Mikro-Computer, den
Datenspeichern und den Ein-Ausgabe-Geräten zu. In gewisser Weise
kann man sich die Schicht der Bildverarbeitungs/Analyse-Module als
ein Filter vorstellen, mit dessen Hilfe die Datenreduktion vorgenommen wird. Bei den Videoschaltungen liegt noch die vollständige
Datenmenge vor, nach Passieren der Bildverarbeitungs- und Analyse-
Moduln werden nur noch wenige Daten auf den Prozessor-Bus gegeben.
Im folgenden werden die einzelnen Module näher erläutert.

Video-Schaltungen

Diese Schaltungen bestehen aus Moduln für:

    Binarisierung und Synchronisation
    Zeilenauflösung
    Bildmischung.

Diese Module übernehmen die Signale von Fernseh- oder Halbleiter-
Kameras und bringen sie in den Video-Bus ein. Es ist möglich, Bilder
von zwei Kameras simultan einzulesen, so daß gleichzeitig ablaufende
Prozesse kontrolliert werden können, indem man eines der beiden
Bilder sofort auswertet und das andere Bild solange speichert. Die
Polarität des Eingabe-Bildes kann durch Schalter oder vom Mikro-
Prozessor vorgegeben werden, d.h. man kann bestimmen, ob ein Bild
Schwarz auf Weiß oder umgekehrt dargestellt werden soll.

Das Binarisierungsmodul überführt das Grauwertbild in ein Binärbild
mit Hilfe eines Schwellwertes, der von Hand vorgegeben wird. In der
nahen Zukunft wird diese Art der Schwellwertvorgabe durch die Festlegung von Schwellwertintervallen ergänzt, die vom Mikro-Prozessor her
gesetzt werden können.

Das Zeilenauflösungsmodul nimmt die Auflösung in Bildpunkte entlang
einer FS-Zeile vor. Um quadratische Bildpunkte zu erhalten, wenn man
mit Signalen von FS-Kameras arbeitet, wird die Zeilenauflösungsfre-

quenz in solchen Fällen so eingestellt, daß 320 Bildpunkte auf einer Zeile aufgelöst werden.

Der <u>Bildmischer</u> erlaubt die gleichzeitige Darstellung beliebiger Kombinationen von Eingabe-Grauwertbildern, Binärbildern oder Bildern aus zwei Bildspeichern. Wenn mehrere Binärbilder auf dem Bildschirm dargestellt werden, so wird jedes mit einem anderen Grauwert ausgegeben, so daß man die Bilder voneinander unterscheiden kann. Auch Bildfenster und ein Fadenkreuz werden durch verschiedene Grauwerte dargestellt, um gute Unterscheidbarkeit zu garantieren.

Bildverarbeitung und Analyse

Die Schicht von Bildverarbeitungs-, Analyse- und Speicher-Moduln besteht aus drei Gruppen:

> Bildspeicher (inklusive Bildfenster und Fadenkreuz)
> Bildverarbeitungsmoduln
> Bildanalysemoduln.

Bildspeicher spielen bei der Verarbeitung und Analyse häufig eine wichtige Rolle und werden deshalb hier behandelt.

Bildspeicher

In S.A.M. stehen zwei Typen von Bildspeichern zur Verfügung:

> - Halbbild-Speicher (HB-Speicher)
> - Lauflängen-Speicher (LL-Speicher)

Beide Speichertypen können Bilder mit FS-Geschwindigkeit ein- oder auslesen. Der S.A.M.-Bus erlaubt den Einsatz von insgesamt acht Bildspeichern beliebigen Typs gleichzeitig.

Der <u>Halbbild-Speicher</u> speichert das Bild Bildpunkt für Bildpunkt mit einer Kapazität von 256 x 512 x 1 Bit. Jeder Bildpunkt wird durch seine X-Y-Koordinaten adressiert. Der Mikro-Prozessor kann auf jeden Bildpunkt einzeln zugreifen und den Wert des Bildpunktes lesen oder verändern. Der Mikro-Prozessor gibt dem HB-Speicher folgende Kommandos:

1) Start Bild einlesen;

2) Start Bild auslesen;

3) Start Bild invertiert auslesen.

In der Betriebsart "Auslesen" erzeugt der HB-Speicher ein binäres Video-Signal aus dem gespeicherten Bild. Man kann zwei Bildspeicher so miteinander synchronisieren, daß ein Speicher ein Bild ausliest, das vom anderen Speicher eingelesen wird. In dieser Betriebsart kann die Maskierung von Regionen zusammen mit dem Modul für die Komponentenmarkierung erfolgen. Die Zusammenarbeit zweier Bildspeicher ist auch wichtig für die "Ping-Pong"-Verarbeitung zusammen mit dem Bildfeld-Prozessor (siehe weiter unten).

Der <u>Lauflängen-Speicher</u> speichert das Bild auf kompakte Weise, indem jeweils nur die zeilenweisen Schwarz/Weiß und Weiß/Schwarz-Übergänge gespeichert werden. Die Aufnahmekapazität des LL-Speichers beträgt 4K x 16 Bit. Um eine flexible Speicherung zu ermöglichen, arbeitet der LL-Speicher mit zwei verschiedenen Datenwörtern: einem Übergangswort (UW) und einem Zeilennummerwort (ZN). Beide Arten von Datenwörtern sind 13 Bit lang. Beim UW enthalten die Bit 0 -8 die X-Koordinate des Übergangs, beim ZN enthalten diese Bits die Zeilennummer (d.h. die Y-Position). Bit 9 spezifiziert die Polarität des Überganges; Bits 10-12 kennzeichnen den Typ des Datenwortes. Neben UW und ZN muß hier noch je ein Datenwort vorgegeben werden für: Anfang erstes Halbbild, Ende erstes Halbbild, Anfang zweites Halbbild, Ende zweites Halbbild. Beim Einlesen eines Bildes speichert der LL-Speicher am Zeilenanfang ein Zeilennummernwort, auch wenn auf der betreffenden Zeile keine Übergänge auftreten. Übergänge auf einer Zeile werden in der richtigen Reihenfolge hinter dem ZN gespeichert. Auf diese Weise enthält der LL-Speicher Daten, die (für ein imaginäres Bild) folgendermaßen aussehen:

$$ZN/ZN/ZN/UW/UW/UW/UW/ZN/UW/UW/ZN/ZN$$

Der Mikro-Prozessor kann auf jedes gespeicherte Wort zugreifen und kann ebenfalls in den Speicher schreiben. Kommandos für den LL-Speicher sind:

1) Start Einlesen eines Halbbildes;

2) Start Einlesen eines Vollbildes;

3) Start Auslesen eines Halbbildes;

4) Start Auslesen eines Vollbildes.

Beim Auslesen eines Bildes erzeugt der LL-Speicher ein binäres
Video-Signal aus den gespeicherten Daten. Dieses Bild kann dann z.B.
auf einem FS-Monitor dargestellt werden. Im Prinzip kann der LL-
Speicher also wie der HB-Speicher eingesetzt werden. Er ist besonders günstig dann einzusetzen, wenn bei einer Software-Analyse Lauflängen für die Merkmalsberechnung verwendet werden. Dies läßt sich
bei einer Reihe von Merkmalen realisieren. Ein besonderes Merkmal
des LL-Speichers ist die Fähigkeit, ein gespeichertes Bild in positi-
ver X- und Y-Richtung mit einem Datenbefehl beliebig zu verschieben.
Dies wird ganz einfach durch Setzen der Anfangskoordinaten durchgeführt.

Bildfenster

Es ist nicht immer notwendig, das vollständige FS-Bild aufzunehmen.
Mit Hilfe von zwei Bildfenstern kann die Größe des Bildes, das
tatsächlich ausgewertet und gespeichert wird, vorgegeben werden.
Werden nur kleine Fenster gewählt, so sind nur wenige Daten zu
verarbeiten. In S.A.M. stehen zwei Bildfenster zur Verfügung. Fenster 1 legt den maximal auswertbaren Bereich von 256 x 512 Bildpunkten im Bildfeld fest. Die linke, obere Ecke dieses Fensters bestimmt
den Ursprung aller Koordinatenwerte. Dieses Fenster wird von Hand
gesetzt; der Mikro-Prozessor kann darauf nicht zugreifen. Bildfenster 2 liegt innerhalb des ersten Fensters und kann vom Mikro-Prozessor in Lage und Größe vorgegeben werden. Auf diese Weise kann die
Bildauswertung auf bestimmte Ausschnitte des Bildes beschränkt
werden.

Auf dem Fenster-Modul befindet sich auch der <u>Fadenkreuz-Generator.</u>
Das Fadenkreuz wird für den interaktiven Betrieb von S.A.M.-Konfigu-
rationen verwendet. Seine Lage kann sowohl vom menschlichen Bediener
als auch vom Mikro-Prozessor festgelegt werden.

Bildverarbeitung mit dem Bildfeld-Prozessor

Der Bildfeld-Prozessor ist ein Modul für die Verarbeitung von Binärbildern mit lokalen Operatoren. Der Bildfeld-Prozessor erfaßt jeweils ein Bildfeld von 7 x 7 Bildpunkten und verschiebt dieses
Bildfeld mit der FS-Abtastung über dem Bild. Binäre, lokale Operato-

ren verarbeiten das Bild, indem Bildpunkte innerhalb des Bildfeldes logisch miteinander verknüpft werden. Im Augenblick sind acht verschiedene Operatoren realisiert. Diese können vom Mikro-Prozessor her ausgewählt werden. Bei den Operatoren handelt es sich um: Erosion, Doppel-Erosion, Dilatation, Doppel-Dilatation, Erosion-Dilatation, Dilatation-Erosion, Kontur-Linie (= Differenz zwischen den Ergebnissen der Dilatation und der Erosion), und NOP (= no operation). In der letzten Verarbeitungsart durchläuft das Bildsignal den Bildfeld-Prozessor, ohne daß eine Verarbeitung stattfindet. Der Bildfeld-Prozessor kann außerdem zwei Bilder durch eine XOR oder eine AND Verknüpfung miteinander vergleichen. Schließlich kann mit seiner Hilfe auch ein Bild in ein anderes Bild eingeblendet werden.

Alle Operatoren können sowohl mit dem FS-Eingabe-Signal als auch mit gespeicherten Bildern vollzogen werden. Die Ausgabesignale des Bildfeld-Prozessors stellen binäre Videosignale dar, die zu einem der Bildspeicher geführt werden können. Die verschiedenen Operatoren sind Hardware-mäßig realisiert. Die Auswahl eines bestimmten Operators erfolgt durch ein Kommando vom Mikro-Prozessor. Dabei muß auch die Verarbeitungsrichtung (von welchem Bildspeicher zu welchem anderen? oder von welcher Kamera zu welchem Bildspeicher?) festgelegt werden. Der Bildfeld-Prozessor erhält diese Kommandos über ein Port.

Mit dem Einsatz zweier Bildspeicher kann eine iterative Bildverarbeitung vorgenommen werden, indem eine "Ping-Pong"-Verarbeitung vorgenommen wird. Dabei wird das Bild ständig zwischen zwei Speichern hin- und her geschickt und während des Transfers vom Bildfeldprozessor verarbeitet. Alle Operatoren des Bildfeld-Prozessors arbeiten mit FS-Geschwindigkeit. Eine Bildverarbeitung, die auf mehreren Iterationen beruht, kann deshalb trotzdem in kurzer Zeit durchgeführt werden. Wie in Abschnitt 2.1.2 ausgeführt, ist es die Aufgabe dieser Operatoren, eine Bildbereinigung vorzunehmen, indem Störpunkte unterdrückt, Lücken gefüllt und Ausbuchtungen beseitigt werden.

Bild 3.1.-2 zeigt ein Beispiel für die Wirkung dieser Bildbereinigung. Der Vergleich des Binärbildes (B) mit dem bereinigten Binärbild (E) macht deutlich, daß die meisten Störungen unterdrückt wurden, während die Werkstücksilhouette im wesentlichen erhalten geblieben ist. Aufgrund der hohen Verarbeitungsgeschwindigkeit von S.A.M. dauert die gesamte Bildbereinigung lediglich rund 80 ms. Hierfür werden je 20 ms für eine Iteration gebraucht, der Zugriff des Mikro-Prozessors auf den Bildfeld-Prozessor erfordert einige wenige Millisekunden.

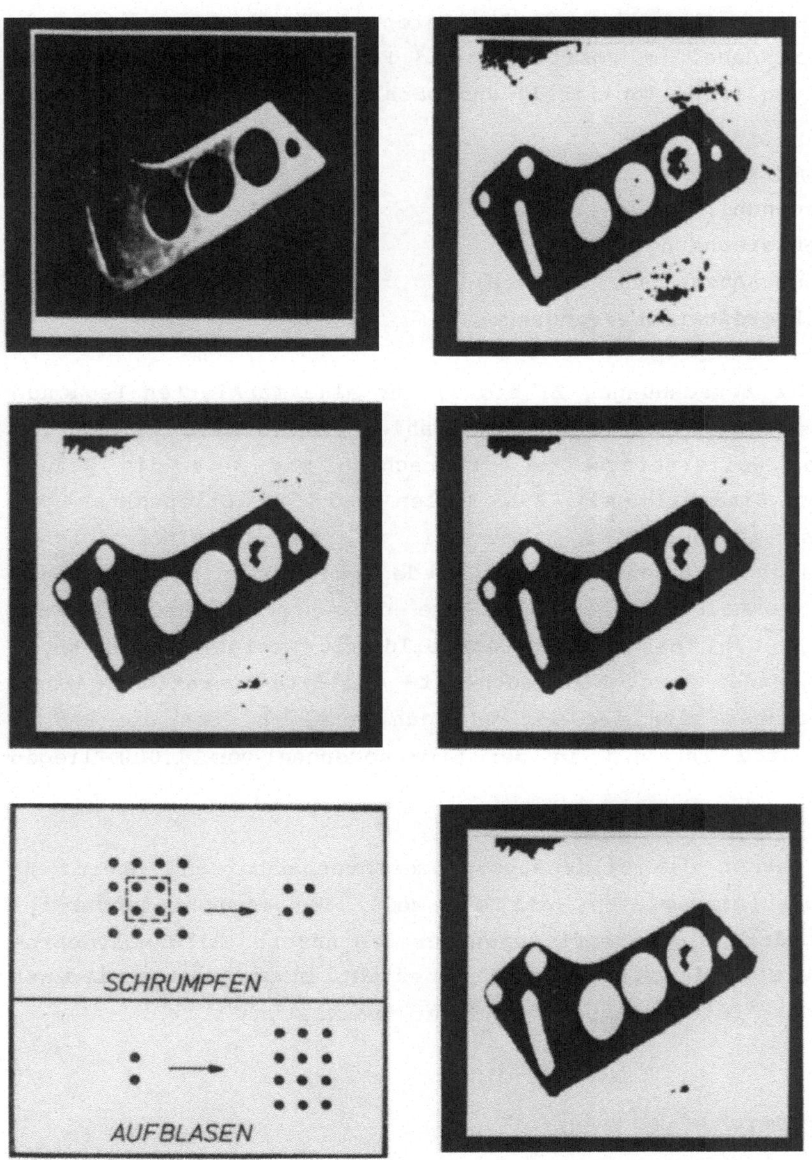

Bild 3.1.-2: Bildbereinigung durch iterative Verarbeitung

      A - FS-Bild

      B - Binärbild von A

      C - Doppelte Erosion von B

      D - Erosion von C

      E - Doppelte Dilatation von D

Bildanalyse-Prozessoren

Die Bildanalyse-Prozessoren stellen den Kern von S.A.M. dar. Sie berechnen die Merkmale, die für die Datenreduktion notwendig sind. Es handelt sich dabei um Positions- und Form-Merkmale, die während der Bildabtastung (also 'on-line') und parallel berechnet werden:

1) Komponentenmarkierung;
2) Flächenberechnung;
3) Konturlängenberechnung;
4) Berechnung der Anzahl von Löchern;
5) Schwerpunktkoordinatenberechnung.

Dabei werden die Berechnungen 2) bis 5) für alle markierten Regionen im Bild vorgenommen. Erst die so extrahierten Merkmale werden vom Mikro-Prozessor weiterverarbeitet. Betrachten wir kurz die Reduktionsrate. Ein Binärbild mit 256 Zeilen und 320 Bildpunkten pro Zeile hat fast 100.000 Bit. Nehmen wir an, daß in einem solchen Binärbild rund 60 Regionen auftreten. Jede Region kann mit Hilfe der extrahierten Merkmale mit ca. 16 Byte dargestellt werden (siehe Abschnitt 3.2), d.h. daß dieses Binärbild mit weniger als 1 KByte repräsentiert werden kann. Wenn auch Bit- und Byte-Operationen nicht direkt vergleichbar sind, so ist es doch deutlich, daß die Reduktionsrate gewaltig ist und in der Größenordnung von 1.000 liegen kann.

Im folgenden werden die Bildanalyseprozessoren näher erläutert. Es sei vorweg daraufhingewiesen, daß das Modul der Komponentenmarkierung eine besondere Eigenschaft gegenüber den anderen Bildanalyseprozessoren aufweist. Diese Besonderheit besteht in zwei verschiedenen Arbeitsmodi, der "Datenerfassung" und der "Maskierung".

Komponentenmarkierung

In der Betriebsart "Datenerfassung" führt dieses Modul die eigentliche Komponentenmarkierung durch. In der Betriebsart "Maskierung" wird ebenfalls die Komponentenmarkierung durchgeführt. Es wird dabei für jede Marke geprüft, ob sie "gesetzt" ist. Wenn eine Marke gesetzt ist, so wird die entsprechende Region ohne Veränderung durchgelassen. Andernfalls wird die Region einer ungesetzten Marke

unterdrückt. Die Aufgabe dieser Maskierung ist wiederum die Datenreduktion. Mit ihrer Hilfe können Bilder erzeugt werden, die nur noch
relevante Regionen enthalten, die dann in einer sorgfältigen (eventuell aufwendigen) Analyse näher untersucht werden können. Durch die
maskierten Bilder wird der Aufwand für weitere Hardware und Software
gesenkt.

In der Betriebsart "Datenerfassung" bestimmt die Komponentenmarkierung die Zusammenhangskomponenten des Binärbildes und weist diesen
eindeutige Marken zu. Als Marken werden hier Nummern gewählt, die
sich aus der Reihenfolge des Erscheines einer Region während der FS-
Bildabtastung ergeben. Für die Erfassung des Zusammenhangs werden
jeweils die drei benachbarten Bildpunkte der vorausgegangenen Zeile
betrachtet, d.h. es wird eine sogenannte 8-Nachbarchaft vorausgesetzt. Um eine Marke für den aktuellen Bildpunkt X zu erhalten, wird
das Bild durch ein 2 x 3 Fenster betrachtet:

$$\text{Zeile N-1: PPP}$$
$$\text{Zeile N} \quad : \quad \text{X}$$

Wenn einer der drei Punkte P der vorausgegangenen Zeile N-1 bereits
eine Marke hat, so erhält X dieselbe Marke. Andernfalls - vorausgesetzt, daß X ein Punkt einer Region ist - wird eine neue Marke
vergeben. Dieser Fall entspricht dem Anfang einer neuen Region. Der
erste Fall entspricht der Fortsetzung einer bereits sichtbaren
Region. Bei der Vergabe von Marken muß man zwei weitere Fälle
beachten. Diese sind Konvergenzen und Divergenzen von Zweigen von
Regionen. Im Fall einer Konvergenz treffen zwei Zweige mit unterschiedlichen Marken aufeinander, d.h. man stellt fest, daß beide
Zweige eigentlich zu ein und derselben Region gehören. Im Fall einer
Divergenz stellt man fest, daß eine Region sich in mehrere Zweige
aufteilt. Da man in diesem Fall weiß, daß der Zusammenhang gewahrt
bleibt, kann die alte Marke für die Zweige weiterverwendet werden.
Dies trifft nicht für Konvergenzen zu. Hier muß man Regeln aufstel-
len, die entscheiden, welche der Marken "überlebt" und weiter fortgepflanzt wird. Es wird also nur eine Marke weiterverwendet. Man muß
zusätzlich speichern, welche Marken zusammengehören, d.h. "äquivalent" sind. Dies geschieht mit Hilfe einer sogenannten Äquivalenz-
oder Konvergenz-Liste. Bild 3.1-3 enthält Beispiele für alle hier
aufgeführten Fälle.

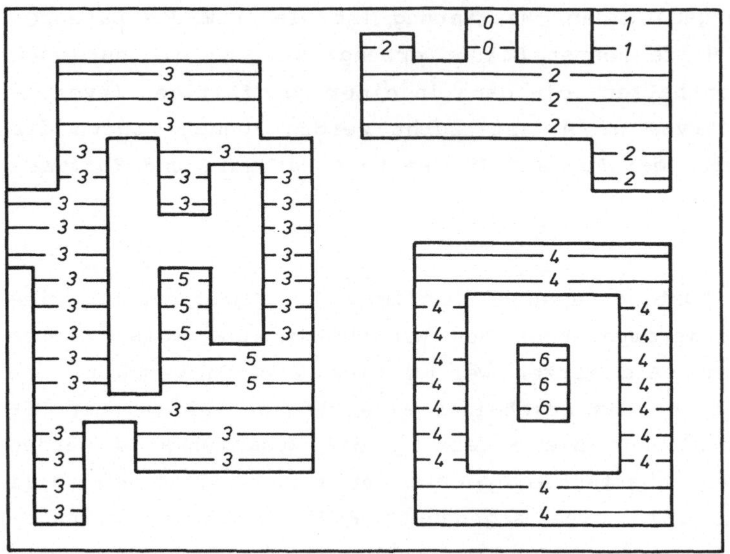

Bild 3.1-3: Komponentenmarkierung in der Reihenfolge des Erscheinens
von Regionen bei einer FS-Bildabtastung

In der Literatur wird häufig vorgeschlagen, für jeden Bildpunkt die
betreffende Marke zu speichern. Ein solcher Ansatz hat zwei Nachtei-
le. Erstens wird damit aus einem Binärbild wieder ein Bild mit 8 Bit
pro Bildpunkt (vorausgesetzt, daß 256 Marken zugelassen sind). Zwei-
tens ist mit dem Speichern der Marken noch nicht der Zusammenhang
der Bildpunkte einer Region gegeben. Wenn man eine bestimmte Region
aus dem Bild extrahieren will, so muß man in einem Suchvorgang alle
zusammengehörigen Marken zusammensuchen. Dies geschieht typischerweise in einer zweiten Bildabtastung. Da eine solche Abtastung sowieso
notwendig ist, werden bei der S.A.M.-Komponentenmarkierung die
Marken gar nicht gespeichert. Statt dessen wird das Binärbild zusammen mit der Äquivalenzliste und der Anzahl der vergebenen Marken
gespeichert. Wenn man sich für eine bestimmte Region interessiert,
so wird die Komponentenmarkierung einfach mit dem gespeicherten Bild
wiederholt. Dies geschieht in der Betriebsart "Maskieren". Da Marken
nur während der Komponentenmarkierung existieren, sprechen wir von
der "dynamischen" Komponentenmarkierung.

Die dynamische Komponentenmarkierung setzt voraus, daß Bildanalyseprozessoren parallel dazu Merkmale aus dem Bild extrahieren können,

die der jeweils aktiven Marke zugeordnet werden. Genau dies ist die Aufgabe der S.A.M.-Bildanalyseprozessoren. Die Komponentenmarkierung legt die jeweils aktive Marke an die anderen Prozessoren an, so daß diese Prozessoren ihre Ergebnisse unter der betreffenden Marke speichern können.

Eine weitere Besonderheit der Komponentenmarkierung ist die Tatsache, daß dieses Modul auch feststellt, ob eine Region vollständig im Bild enthalten ist. Falls eine Region den Bildrand berührt, kann man nicht sicher sein, wie vollständig diese Region abgebildet ist. Um Verwechslungen und Irrtümer zu vermeiden, werden solche Regionen speziell gekennzeichnet und später bei der Analyse ignoriert oder besonders behandelt.

Die vorliegende Realisierung der S.A.M.-Komponentenmarkierung ist für 255 Marken ausgelegt und kann ebensoviele Konvergenzen verarbeiten. Falls mehr als 255 Regionen oder Zweige im Bild vorkommen, werden von oben nach unten die ersten 255 korrekt markiert. Alle anderen erhalten die Marke 256. Um zu vermeiden, daß bei ausgefransten Rändern von Regionen zuviele (überflüssige) Konvergenzen entstehen, nimmt die Komponentenmarkierung eine Glättung der horizontalen oberen Randlinien vor, indem Lücken, die nur einen Bildpunkt breit sind, aufgefüllt werden. Ebenso werden isolierte Bildpunkte oder Löcher aus einem Bildpunkt entfernt bzw. aufgefüllt. Durch diese Bereinigung werden nur relevante Zweige von Regionen markiert.

Die Ergebnisse der Komponentenmarkierung erlauben die Berechnung der Anzahl der Löcher in einer Region. Darauf wird weiter unten eingegangen. Insgesamt liefert die Komponentenmarkierung folgende Ergebnisse:

- die Anzahl aller vergebenen Marken, AAM;
- die Anzahl aller Konvergenzen, AAK;
- die Konvergenzliste, CONVLIST;
- die Liste aller Regionen, die den Bildrand berühren, BORDLIST.

Flächenberechnung

Das Modul für die Flächenberechnung integriert für jede Marke die Anzahl der Bildpunkte auf, die zu einer Marke gehören. Diese Anzahl A ist gegeben durch:

$$A = \sum_{y=1}^{M} \sum_{x=1}^{N} B(x,y) \qquad\qquad (3.1-1)$$

wobei x,y Bildpunktkoordinaten sind. N, M stellt die horizontale und vertikale Ausdehnung der Region dar und:

$$B(x,y) = \begin{cases} 1 \text{ falls } (x,y) \text{ innerhalb der Region} \\ 0 \text{ sonst} \end{cases} \qquad (3.1-2)$$

Wir legen hierbei - ohne Einschränkung der Allgemeinheit - zugrunde, daß Bildpunkte in X- und Y-Richtung eine Ausdehnung von 1 haben. Das Modul der Flächenberechnung hat einen Zähler, der mit dem Zwischenergebnis der Summation geladen wird, sobald die Bildabtastung über einen markierten Zweig läuft. Dieser Zähler wird mit Hilfe der Zeilenauflösungsfrequenz bei jedem Bildpunkt inkrementiert. Wenn die Bildabtastung den betreffenden Zweig auf der Zeile verläßt, wird das Zwischenergebnis wieder weggespeichert. Nach Abschluß der Bildabtastung liegt im "Flächenspeicher" für jede Marke die Anzahl A der ermittelten Punkte vor. Der Mikroprozessor kann auf den Flächenspeicher zugreifen und die Ergebnisse holen. Da eine Region aus mehreren Zweigen (mit mehreren Marken) bestehen kann, ist es notwendig, zusammengehörige Teilflächen noch zusammenzurechnen. Dies wird später in der Softwarephase vorgenommen.

Konturlängenberechnung

Das Modul der Konturlängenberechnung detektiert die Kontur und zählt die Konturpunkte der Regionen. Ein Bildpunkt innerhalb einer Region ist als Konturpunkt definiert, wenn zumindest einer der benachbarten Bildpunkte ein Punkt des Hintergrundes ist. Die Detektion solcher Konturpunkte wird mit Hilfe einer Betrachtung eines 3 x 3 Bildausschnittes um den jeweils untersuchten Punkt einer Region vollzogen. Für die Berechnung der Konturlänge reicht es allerdings nicht aus, die Konturpunkte einfach aufzusummieren, da die Konturlänge von der Orientierung der Region auf dem Bildraster ahängt. Deshalb müssen Konturpunkte in Abhängigkeit der Anzahl benachbarter Hintergrundpunkte gewichtet werden. Trotzdem erhält man einen Fehler, der + 6% betragen kann, wenn man eine Gerade über dem Bildraster rotiert. Dieser Fehler kann weiter reduziert werden, wenn man diagonale und direkte Nachbarn im Verhältnis 10:7 gewichtet. Dann sinkt der Fehler auf + 4%.

Das Modul der Konturlängenberechnung ist mit drei Zählerstufen aufgebaut. Zunächst werden direkte und diagonale Hintergrundpunkte separat aufaddiert und mit Multiplikatoren gewichtet. Die zweite Addier-
stufe rechnet dann diese Summen zusammen. Dieses Ergebnis wird zum
bis dahin erhaltenen Ergebnis addiert und im "Konturlängenspeicher"
gespeichert. Dieses Modul kann übrigens auch verwendet werden, um
Konturlinienbilder zu erzeugen. Hierfür werden lediglich alle detek-
tierten Konturpunkte vom Modul durchgelassen und alle anderen unterdrückt.

Berechnung der Schwerpunktkoordinaten

Dieses Modul berechnet den Flächenschwerpunkt für jede Region. Bei
Binärbildern wird jedem Bildpunkt einer Region eine Masse von Eins
zugeordnet. Die Schwerpunktkoordinaten erhält man aus:

$$X_s = \frac{\sum\limits_{y=1}^{M} \sum\limits_{x=1}^{N} x \cdot B(x,y)}{\sum\limits_{y=1}^{M} \sum\limits_{x=1}^{N} B(x,y)} \quad , \quad Y_s = \frac{\sum\limits_{y=1}^{M} \sum\limits_{x=1}^{N} y \cdot B(x,y)}{\sum\limits_{y=1}^{M} \sum\limits_{x=1}^{N} B(x,y)} \qquad (3.1-3)$$

Da $\sum\sum B(x,y)$ die Fläche der Region ist, wird der Nenner von (3.1-3)
vom Modul der Flächenberechnung berechnet, so daß es genügt, den
Zähler zu bestimmen. Die Division durch die Fläche wird später durch
Software vorgenommen. Dieses Modul arbeitet analog zum Modul der
Flächenberechnung; anstelle der Bildpunkte werden hier Bildpunktkoor-
dinaten aufintegriert.

Daten Verarbeitung und Speicherung

Die letzte Schicht von Hardware-Moduln besteht aus drei funktionellen Gruppen:

- Datenverarbeitungseinheiten (Datenprozessoren)
- Datenspeicherung
- Daten-Ein-Ausgabe-Einheiten.

Daten-Prozessoren

Im Augenblick werden in S.A.M. zwei verschiedene Datenverarbeitungseinheiten eingesetzt. Bei diesen handelt es sich um einen Z-80-Ein-

Platinen-Computer und um einen schnellen Arithmetik-Prozessor, den AM 9511. Dieser unterstützt den Z80 bei numerischen Berechnungen.

Der <u>Arithmetik-Prozessor</u> ist mit einem 8 Bit breiten, bidirektionalen Bus gekoppelt und besteht aus einem Daten-Stack und einer arithmetischen Einheit. Zuerst werden die beiden Operanden in den Stack geschoben, danach folgt ein Kommandowort, das die Operation definiert. Ein Statuswort gibt an, daß die Operation beendet ist. Das Ergebnis kann dann aus dem Stack ausgelesen werden. Der Arithmetik-Prozessor führt sowohl 16 Bit als auch 32 Bit Operationen für ganzzahlige Daten und Gleitkommazahlen aus.

Der <u>Z-80</u> kontrolliert sämtliche Funktionen des Systems. Er sendet Kommandos zu den Bildanalyse-Prozessoren, regelt die Verarbeitung bei "Ping-Pong"-Betrieb, übernimmt Werte von den Bildanalyse-Prozessoren und verarbeitet diese weiter. Aus Bild 3.1-1 kann man sehen, daß der Mikro-Prozessor nicht direkt am Prozessor-Bus angeschlossen ist. Dies hängt mit einer besonderen Eigenschaft des S.A.M.-Bus zusammen. In der Entwurfsphase wollten wir das System nicht auf den Einsatz von 8-Bit-Prozessoren beschränken, sondern auch den Einsatz von 16-Bit-Prozessoren ermöglichen. Außerdem erschien es erstrebenswert, einen möglichst großen Adreßraum bereitzustellen, um umfangreiche Daten und Programme speichern zu können. So können insbesondere Tabellen zu einer Beschleunigung der Analyse führen (anstelle von Berechnungen). Deshalb ist der Prozessor-Bus als ein 16 Bit breiter Datenbus und als ein 24 Bit breiter Adreßbus ausgelegt. Dadurch wird es notwendig, ein spezielles Bus-Interface einzusetzen. Dieses Interface hat zwei Aufgaben. Es verbindet den Mikro-Prozessor mit dem Bus, und es führt ein 'Paging' beim Zugriff auf den Adreßraum durch. Auf diese Weise können 256 Speicherseiten mit je 32 KByte adresiert werden. Der ursprüngliche Adreßraum des Z-80 mit 64 K wird durch das Interface in einen direkt adressierbaren Bereich mit 32 K und einen indirekt adressierbaren Teil mit den bereits erwähnten 256 Seiten mit je 32K aufgespalten. Der Adreßbereich des Paging-Teiles beträgt somit 8 MByte.

<u>Datenspeicher</u>

S.A.M. stellt RAM-Platinen und EPROM-Platinen zur Verfügung für die Speicherung von Daten und Programmen. Die EPROM Platinen haben eine Kapazität von je 32 K; die RAM Platinen haben eine Kapazität von je

16K. Je nach S.A.M.-Konfiguration können mehrere Karten beider Typen gleichzeitig eingesetzt werden. Alle Speicher können entweder auf direkten Zugriff oder auf den Paging-Modus umgeschaltet werden. Als Massenspeicher wird ein Disketten-Speicher verwendet.

Daten-Ein-Ausgabe-Einheiten

Die Ein-Ausgabe von Daten erfolgt auf zwei verschiedenen Ebenen: 1) der menschliche Bediener muß mit dem System kommunizieren; 2) das System muß mit anderen Geräten am Arbeitsplatz kommunizieren. Für die Mensch-Maschine-Kommunikation wurde ein kommerzieller Textausgabe-Prozessor (SGS/ATES VDZ80) gewählt, mit dem alpha-numerische Zeichen auf einem FS-Monitor ausgegeben werden können. Die Eingabe alpha-numerischer Werte erfolgt mittels einer Tastatur. Auf diese Weise kann der Bediener in einem Bildschirmdialog mit dem System kommunizieren. Zusätzlich steht dem Bediener ein Fadenkreuz zur Verfügung, mit dem er Punkte auf dem Bildschirm markieren kann.

Die Datenübertragung zwischen einer S.A.M.-Konfiguration und anderen Geräten kann mit Hilfe der Z-80 PIO und SIO erfolgen. Bei der PIO werden die Daten parallel übergeben, bei der SIO seriell. Weitere Ausgabekanäle sind: zwei D/A-Wandler und ein digitales Roboter-Interface. Dieses Interface ist auf Industrieroboter vom Typ Volkswagen R-30 oder KUKA IR-601 zugeschnitten. Es liefert Daten für: eine 'ready' Meldung, die Lageklasse, Position und Drehlage eines Werkstückes. Es kann ein Quittierungssignal vom Roboter empfangen.

Wie einführend erörtert, können diese Hardware-Module zu verschiedenen Konfigurätiuonen zusammengestellt werden. Typische Konfigurationen werden in Abschnitt 3.3 besprochen.

3.2 S.A.M.-Software Module

Für die Echtzeitverarbeitung von Bildern reicht es nicht aus, nur spezielle Hardware einzusetzen. Auch die Analysealgorithmen müssen so effizient wie möglich implementiert werden. Es gibt heute keine systematischen Ansätze, die erklären, wie man Echtzeitalgorithmen verwirklicht. Es gibt jedoch erfahrungsgemäß mindestens zwei Verarbeitungsprinzipien, die man bei Entwurf von Echtzeitalgorithmen beachten sollte:

1) der Gebrauch von Tabellen anstelle von on-line Berechnungen;
2) Das Sortieren von Daten in hochstrukturierte Datenstrukturen, auf die schnell zugegriffen werden kann.

Der Einsatz von 'Table-Look-Ups' wird in S.A.M. durch den großen Adreßraum unterstützt. Das Sortieren der Daten wird in diesem Abschnitt erklärt. Mit Hilfe der so konzipierten Software ist es zum Beispiel möglich, eine Modell-gestützte Suche in weniger als 200 ms durchzuführen, trotz Einsatz eines Mikro-Prozessors!

S.A.M. Software ist in PLZ implementiert. Dies ist eine PASCAL-ähnliche Sprache, die speziell für den Z-80 von Zilog entwickelt wurde und die zwei Sprachebenen hat: eine Assembler Ebene (PLZ/ASM) und eine hohe Sprachebehe (PLZ/SYS). Typischerweise werden rechenintensive Programmabschnitte in der Assemblerebene implementiert, Programmabschnitte mit komplexen Kontrollstrukturen und Datenstrukturen werden in PLZ/SYS realisiert.

Die S.A.M. Software ist in einer dreistufigen Hierarchie implementiert. Die drei Schichten sind:

- Grundsoftware
- Problem-orientierte Software
- Bediener-orientierte Software

Die beiden ersten Programmierebenen werden üblicherweise vom geübten Systemprogrammierer benützt, der z.B. eine S.A.M.-Konfiguration auf eine spezielle Anwendung anpaßt. Die dritte Programmierebene bietet dem ungeübten Bediener eine interaktive Oberfläche, die vor Ort bei der Programmierung bei Umrüstung benutzt wird.

Die Grundsoftware selbst besteht aus zwei Unterebenen:

- Ebene der Mikroprogrammierung für die Kontrolle von Hardware und des Mikro-Prozessors

- Ebene der "Datensammlung und Organisation" für das Sammeln, Sortieren, Speichern und Holen von Daten.

Auf dieser letzten Ebene findet man auch höhere Systemkommandos, die die Textausgabe steuern, das Fadenkreuz oder grafische Ausgaben kontrollieren.

Auf der Problem-orientierten Ebene sind allgemeine Bildanalyse-Verfahren implementiert. Beispiele sind: Nächste-Nachbar-Klassifikatoren, Polarcheck, Modell-gestützte Suche usw. Dies ist die Ebene, auf der der "Applikations"-Programmierer arbeitet.

Die letzte Ebene, die Bediener-Ebene, schließlich bietet die Möglichkeiten der interaktiven Programmierung, für die keine Kenntnisse von Programmiersprachen und nur geringe Kenntnisse über S.A.M. vorausgesetzt sind. Diese Ebene wird zum Beispiel benützt, wenn der Bediener im Teach-In-Verfahren ein Gerät auf neue Werkstücke programmiert. In dieser Phase wird der Bediener von einem Bildschirmdialog geführt und muß lediglich auf Aufforderungen des Systems reagieren.

3.2.1 Grundsoftware

Grundsoftware 1: Mikroprogramme

Im folgenden werden alle Programmierebenen näher erläutert. Wie bereits erwähnt, besteht die Grundsoftware aus zwei Teilen, der Ebene der Mikroprogrammierung und der Ebene der Datensammlung. Die Mikroprogramme selbst sind wiederum zweigeteilt: das Monitorprogramm MONSYS kontrolliert den Mikro-Computer, das Monitorprogramm SAMOS steuert die gesamte S.A.M. Hardware. (Neben SAMOS Befehlen gibt es noch ein paar höhere Systembefehle, die nicht zu SAMOS gehören, aber auch noch auf der Ebene der Grundsoftware liegen.)

Liste der MONSYS-Befehle

MONSYS-Befehle sind in funktionelle Gruppen eingeteilt. Diese sind:

Speicherbefehle:
- DISPLAY.M   gibt den Inhalt eines Speicherbereiches auf dem Bildschirm aus; der Adreßbereich kann beliebig vorgegeben werden.

- SET.M   setzt den Inhalt einer Speicherzelle auf einen vorgebbaren Wert.

- FILL.M   setzt den Inhalt eines Speichersektors auf einen vorgebbaren Wert; der Adreßbereich des Sektors wird vorgegeben.

- MOVE.M   verschiebt den Inhalt eines Speichersektors in einen anderen Sektor.

- LOCATE.S   findet eine vorgebbare Bitfolge (String) in einem bestimmten Speichersektor und gibt die Adresse des String aus.

Registerbefehle:

- DISPLAY.R   gibt den Inhalt von Register R aus.

- SET.R   setzt Register R auf einen vorgebbaren Wert.

Break-Befehle:

- SET.BREAK.A   setzt einen Breakpoint auf Adresse A.

- CLEAR.BREAK.A   löscht einen Breakpoint auf Adresse A.

- CONTINUE.B   löscht einen Breakpoint, setzt einen neuen und führt das Programm auf das Kommando 'GO' hin aus. Es beginnt beim neuen Breakpoint.

- PROCEED.B   erlaubt die Ausführung des Programmes ohne Veränderung der Breakpoints.

Ausführungs-Befehle:

- NEXT.N   führt die nächsten Programmschritte durch und gibt bei jedem Schritt die Inhalte der Register aus.

- GO   führt ein Programm aus, beginnend bei der Startadresse, die im Programmzähler angegeben ist.

- JUMP.A   veranlaßt einen Sprung zur Adresse A.

Disketten-Befehle:

- SET.SECTOR   bringt eine Datei zu einem Sektor der Diskette.
- GET.SECTOR   holt eine Datei von der Diskette und überträgt diese in einen RAM-Speicher.

Port-Befehle:
- OUT.P   überträgt Daten zu einem (von 256) Ports.

- IN.P   holt Daten von einem Port.

Alle S.A.M.-Hardware-Module können über die Ports direkt angesprochen werden. Auf diese Weise kann eine S.A.M.-Konfiguration auf der untersten Ebene programmiert werden. Dies ist aber umständlich und außerdem nicht notwendig, weil ein eigenes Monitorsystem für die S.A.M.-Hardware zur Verfügung steht, das leicht zu bedienen ist: SAMOS.

SAMOS-Befehle bestehen häufig aus kurzen Dialogen, in denen das System die verschiedenen Ablaufparameter vom Bediener erfragt. Im folgenden werden die wichtigsten SAMOS-Befehle, nach funktionellen

Gruppen geordnet, dargestellt. Bei Befehlen, die Parameter abfragen, ist nur der Aufruf angegeben.

Initialisierungsbefehle:

- INIT

initialisiert das gesamte System inklusive dem Maskierungsspeicher in der Komponenten-Markierung und allen Bildspeichern.

- WINDOW

setzt das Bildfenster entweder 'on' oder 'off'; falls das Fenster angeschaltet ist, werden vom System die linke obere und die rechte untere Ecke abgefragt; ihre Eingabe erfolgt mit dem Fadenkreuz.

- EXEC

führt eine SAMOS-Befehlszeile aus.

Daten-Extraktions-Befehle

- READ.I

liest ein Bild ein; hierbei muß festgelegt werden, in welchen Bildspeicher eingelesen wird und welche Bildanalyseprozessoren während des Einlesevorgangs aufgeschaltet werden sollen.

- COMP.M

führt dieselben Operationen wie READ.I aus; im Unterschied dazu wird aber ein Bild verarbeitet, das bereits in einem Bildspeicher ist; man muß also zusätzlich angeben, aus welchem Bildspeicher ausgelesen werden soll.

<u>Befehle für Komponenten-
markierung und Bildfeld-
prozessor</u>

- MASK.B

legt den Vorgang der Maskierung von Regionen durch Komponentenmarkierung fest; man muß vorgeben, von welchem Bildspeicher ausgelesen und in welchen eingelesen wird; außerdem müssen die gewünschten Marken gesetzt werden.

- PROC.I

programmiert den Bildfeldprozessor. Auch hier muß angegeben werden, woher das zu verarbeitende Bild kommt: von der FS-Eingabe, Bildspeicher 1 oder Bildspeicher 2. Außerdem muß die Operatorfolge angegeben werden. Es können beliebige Folgen vorgegeben werden; das System vervollständigt die Operatorfolge durch NOP-Operationen so, daß das Ergebnis der Bildverarbeitung stets im Bildspeicher 1 abgelegt wird.

<u>Interaktive Befehle:</u>

- XHAIR

schaltet das Fadenkreuz an oder aus und erlaubt das Fadenkreuz an einer bestimmten Stelle vom Mikroprozessor her zu setzen oder die Fadenkreuz-Position zu lesen.

- GET.CHAR

holt ein alpha-numerisches Zeichen von der Tastatur.

- PUT.CHAR

gibt ein alpha-numerisches Zeichen auf dem FS-Monitor aus.

- CONV.H.D.   konvertiert eine hexadezimale Zahl
                      in eine Dezimalzahl.

- CONV.D.H.   konvertiert eine Dezimalzahl in
                      eine hexadezimale Zahl.

<u>Grafik-Befehle:</u>

- LINE   erzeugt eine Linie, wobei die End-
                      punkte vorzugeben sind.

- CIRCLE   erzeugt einen Kreis, wobei der
                      Kreismittelpunkt und der Radius
                      vorgegeben werden.

- PATTERN   erzeugt sechs verschiedene Muster
                      (Rechteck, Raute, Kreuz, Stern,
                      Punkt,Klecks), die in einen Bild-
                      speicher gechrieben werden.

- ASCII   erzeugt ein beliebiges ASCII-Zei-
                      chen in einem weißen Quadrat;
                      beide werden in einen Bildspeicher
                      geschrieben.

<u>Arithmetik-Befehle:</u>

- PUT.ARI   übergibt Daten und Operationen an
                      den Arithmetik-Prozessor.

- GET.ARI   holt Ergebnisse vom Arithmetik-Pro-
                      zessor, sobald dessen Status-Wort
                      signalisiert, daß die Operation ab-
                      geschlossen ist.

Mit diesen Befehlen kann die gesamte S.A.M.-Hardware gesteuert
werden. Auf dieser Ebene wird festgelegt, welche Merkmale aus Regionen extrahiert werden sollen. Wenn dies geschehen ist, müssen diese
Daten zunächst gesammelt und organisiert werden, bevor man mit der
eigentlichen Analyse beginnt.

Grundsoftware 2: Daten-Sammlung und Organisation

Der erste Verarbeitungsschritt auf dieser Ebene besteht darin, die
Daten, die in den Bildanalyseprozessoren gespeichert sind, aus deren
Speichern zu holen und in der "Szenentabelle" abzulegen. Die Szenen-
tabelle ist diejenige Datenstruktur, auf der die gesamte weitere
Analyse aufbaut. Sie stellt gewissermaßen die Schnittstelle zwischen
der Hardware und der Software dar.

Nach Einlesen, Verarbeiten und Merkmalsextraktion liegen in den
Bildanalyseprozessoren Merkmale nach Marken geordnet vor. Da eine
Region mehrere Marken haben kann, stellen die Merkmalswerte in
vielen Fällen erst Zwischenergebnisse dar. Man muß deshalb feststel-
len, welche Marken zu einer Region gehören und die entsprechenden
Teilergebnisse zusammenrechnen. Dies geschieht durch den Vorgang der
"Markensammlung". Die Markensammlung ist ein Algorithmus, der die
Konvergenzliste CONVLIST abarbeitet, die von der Komponentenmarkie-
rung erstellt wird (vgl. Abschnitt 3.1).

Falls CONVLIST leer ist, haben alle Regionen im Bild jeweils nur
eine Marke, und die Szenentabelle kann direkt erstellt werden.
Andernfalls müssen äquivalente Marken zusammengesucht werden. Dies
geschieht mit einem schnellen Algorithmus, der die Marken in einem
Durchlauf durch CONVLIST abarbeitet. Der Algorithmus arbeitet mit
mehreren Stacks, wobei in einen Stack jeweils zusammengehörige
Marken geschoben werden. Wenn ein neues Paar äquivalenter Marken
abzuarbeiten ist, so muß man schnell feststellen, welche der beiden
Marken bereits in einem Stack eingetragen ist (keine, eine, beide?).
Hierfür wird ein "Stack-Adressen-Feld" (SA-Feld) eingerichtet, das
für jede Marke eine Zelle enthält. Die Zellen enthalten einen Zeiger
auf denjenigen Stack, in dem die betreffende Marke gespeichert ist.
Da die Marken Zahlen von 0 bis 255 sind, erhält man die entsprechende SA-Zelle einfach, indem man die Marke als Index verwendet. Jedesmal, wenn eine Marke in einen Stack geschoben wird, trägt man einen
Zeiger auf diesen Stack in die entsprechende SA-Zelle ein.

Der Algorithmus der Markensammlung soll an einem Beispiel verdeutlicht werden (vgl. Bild 3.2.1-1). Nehmen wir an, daß das erste Paar
äquivalenter Marken (i,j) in Stack 1 geschoben wurde. Wir setzen
SA(i) = SA(j) = "Zeiger zu Stack 1". Wenn später eine andere Marke
gefunden wird, die entweder zu i oder j äquivalent ist, wird diese

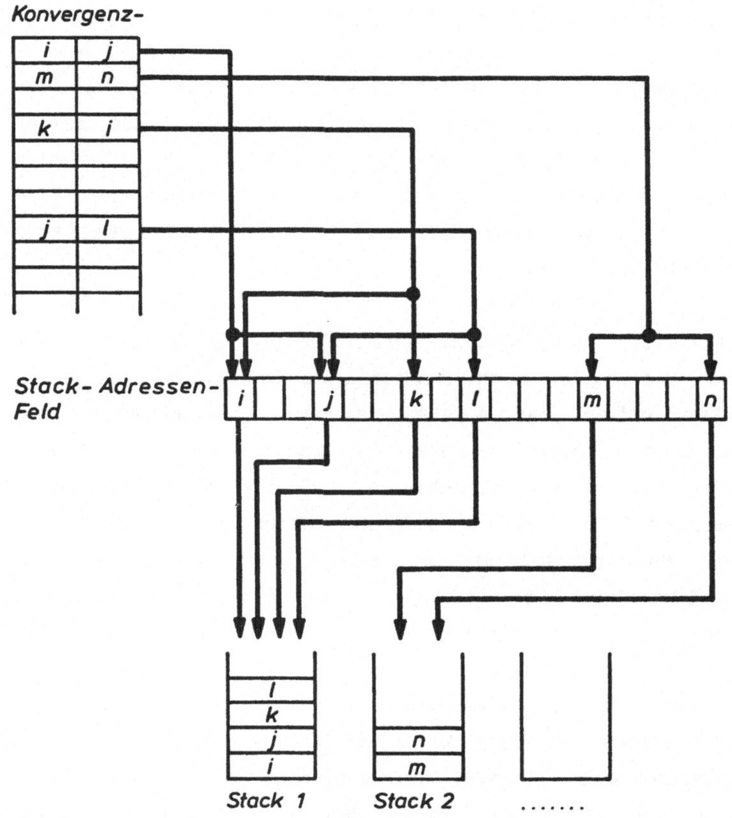

Bild 3.2.1-1: Markensammlung mit einem Stack-Adressen-Feld

Marke ebenfalls in diesen Stack geschoben. Im Beispiel von Bild 3.2.-1 gilt dies für die Marken k und l. Ihre SA-Zellen werden ebenfalls mit einem Zeiger auf Stack 1 geladen. Allgemein gilt: Jedesmal, wenn ein Paar von Marken (i,j) aus CONVLIST entnommen wird, prüft man zunächst, ob eine der beiden SA-Zellen bereits einen Zeiger auf einen Stack enthalten. Dabei können folgende Fälle auftreten:

1) <u>Keine</u> der beiden Marken befindet sich bereits in einem Stack (SA(i) = SA(j) = NONE): In diesem Fall werden beide Marken auf den nächsten freien Stack X geschoben, und wir setzen SA(i) = SA(j) = "Zeiger auf X".

2) <u>Eine</u> der beiden Marken ist bereits in einem Stack – nehmen wir an: i. Dann wird auch j in denselben Stack geschoben, und wir setzen SA(j) = SA(i).

3) <u>Beide</u> Marken befinden sich zwar bereits in Stacks, aber in zwei verschiedenen (SA(i) SA(j)). In diesem Fall wird einer der beiden Stacks vollständig geleert und sein Inhalt in den anderen Stack geschoben. Anschließend müssen alle SA-Zellen, die auf den geleerten Stack verweisen, auf den anderen Stack gesetzt werden. Danach wird der geleerte Stack freigegeben.

Nach einem Durchlauf durch CONVLIST enthält jeder nicht-leere Stack jeweils alle zusammengehörigen Marken. Während der Markensammlung wird außerdem noch mitgezählt, wie häufig jede Marke in CONVLIST auftritt. Diese Häufigkeit wird benötigt, um die Anzahl von Löchern in einer Region zu bestimmen (siehe weiter unten). Durch Verwendung des SA-Feldes ist die Markensammlung ein linearer Algorithmus mit einem Aufwand 0(AAK), wobei AAK die Länge von CONVLIST ist.

Nach der Markensammlung kann die Szenentabelle erstellt werden. Bild 3.2.1.-2 zeigt den Aufbau dieser Tabelle. Die Szenentabelle ist eine kompakte Beschreibung des Binärbildes. Jeweils eine Zeile der Szenentabelle beschreibt eine Region im Bild. Die Regionen sind dabei von oben nach unten in der Reihenfolge ihres Erscheinens im FS-Bild geordnet, d.h. Regionen, die weit oben im Bild anfangen, befinden sich in den oberen Zeilen der Szenentabelle; solche, die weit unten beginnen, in den unteren Zeilen. Jede Zeile der Szenentabelle besteht aus 16 Bytes. Diese enthalten:

1) eine Spalte für Eintragungen;
2) den Flächenwert;
3) die Konturlänge;
4) die Anzahl der Löcher;
5) die Schwerpunktkoordinaten;
6) einen Zeiger zu einem Adreßbereich, der die Marken der Region enthält.

Während des Aufbaus der Szenentabelle muß geprüft werden, ob eine Region eine oder mehrere Marken hat. Dies kann leicht mit Hilfe des SA-Feldes festgestellt werden. Es gibt zwei Fälle:

1) Wenn die SA-Zelle leer ist, dann hat die entsprechende Region nur eine Marke. Die Merkmale dieser Region können dann direkt in die Szenentabelle eingetragen werden. Fläche und Konturlänge können sofort eingetragen werden; für die Schwerpunktkoordinaten muß erst noch die Division des Zählers durch die Fläche vorgenommen

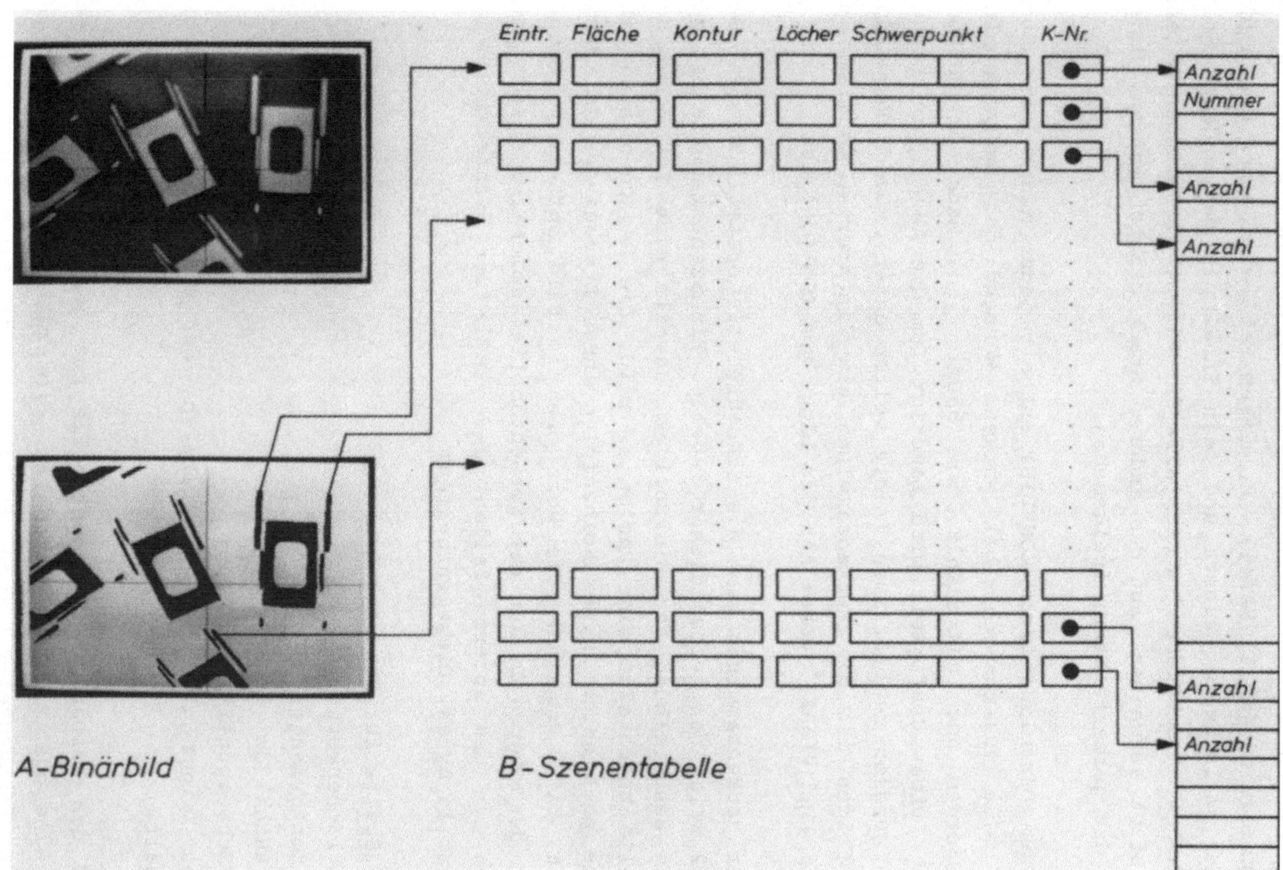

Bild 3.2.1-2: Die Szenentabelle als kompakte Bildbeschreibung

werden. Da für diese Region keine Konvergenzen vorliegen, ist die Anzahl der Löcher gleich Null. Bevor alle diese Eintragungen gemacht werden, muß jedoch zuerst geprüft werden, ob die Region den Bildrand berührt. Dies läßt sich leicht aus BORDLIST feststellen (vgl. Abschnitt 3.1). Falls die Region tatsächlich den Bildrand berührt, wird sie nicht in die Szenentabelle eingetragen. Auf diese Weise wird sichergestellt, daß die Szenentabelle nur Regionen enthält, die mit Sicherheit vollständig im Bild liegen.

2) Wenn die SA-Zelle einen Zeiger auf einen Stack enthält (SA(i) 0), dann liegt eine Region mit mehreren Marken vor. Zunächst wird für alle diese Marken BORDLIST geprüft. Wenn eine der Marken darin enthalten ist, dann wird diese Region nicht in die Szenentabelle eingetragen. Falls die Region den Bildrand nicht berührt, werden die Marken eine nach der anderen aus dem Stack geholt, und es werden alle Teilflächen, Teilkonturlängen usw. zusammengerechnet. Die Gesamtwerte werden dann wie im Fall 1) in die Szenentabelle eingetragen. Die Anzahl der Löcher kann dabei folgendermaßen berechnet werden: Wenn eine Region M Marken hat, die alle zusammen H-Mal vorkommen, dann ergibt sich die Zahl der Löcher dieser Region aus:

$$\text{Zahl der Löcher} = H - M + 1 \qquad (3.2.1\text{-}1)$$

Es ist auch möglich, Regionen, die den Bildrand berühren, in die Szenentabelle einzutragen und die entsprechenden Tabellenzeilen zu markieren. Eine weitere Möglichkeit bei der Erzeugung der Szenentabelle ist die Unterdrückung von Regionen, deren Flächenwerte unter einem vorgegebenen Schwellwert liegen. Damit vermeidet man, daß die Szenentabelle mit Regionen gefüllt wird, die später bei der Analyse keine Rolle spielen. Es ist wichtig, die Szenentabelle möglichst klein zu halten, da viele andere Programme auf sie zugreifen.
Während der Erstellung der Szenentabelle werden die Gesamtfläche, Gesamtkonturlänge und die Gesamtzahl der Löcher im Bild berechnet. Diese Berechnung wird mit dem Mikroprozessor vorgenommen, während der Arithmetikprozessor die Division der Schwerpunktzähler durch die Fläche vornimmt. Auf diese Weise erfordert diese Berechnung keine zusätzliche Zeit. Die so gewonnenen Gesamtmerkmale können für eine Entscheidung benutzt werden, ob in einem Bild überhaupt auswertbare Regionen enthalten sind. Falls nicht, kann sofort eine neue Bildaufnahme gestartet werden.

Es wurde bereits erwähnt, daß die Szenentabelle Regionen in der Reihenfolge ihres Erscheinens von oben nach unten enthält. In vielen Fällen der Bildanalyse ist man jedoch an örtlichen Informationen interessiert. So kann man z.B. fragen, ob eine Region mit bestimmten Merkmalen innerhalb eines gewissen Bildbereiches liegt oder welche Nachbarregionen um eine Region vorliegen. Schnelle Zugriffe auf entsprechende Daten beschleunigen die Bildanalyse wesentlich. Durch die partielle Ordnung der Szenentabelle ist die Beantwortung solcher Fragen jedoch schwierig. Es ist daher erforderlich, eine zweite Datenstruktur einzuführen, in der die Regionen nach den Orten ihrer Schwerpunkte sortiert sind, so daß schnell örtliche Informationen gewonnen werden können. Diese zweite Datenstruktur wird die "Szenen-Skizze" genannt.

Die Skizze ist ein Raster von 20 x 16 quadratischen Zellen, die das Bild vollständig überdecken. Jede Zelle bedeckt einen Bildausschnitt von 16 x 16 Bildpunkten, dabei wird ein Bild von 256 Zeilen mit je 320 Bildpunkten auf jeder Zeile vorausgesetzt. Für jede Zelle ist ein Feld von vier Speicherworten reserviert. In dieses Feld werden alle diejenigen Regionen eingetragen, deren Schwerpunkte in der entsprechenden Zelle der Skizze liegen. Die vier Worte des Feldes enthalten:

1) Anzahl der Regionen in der Zelle
2) Zeilennummer der Szenentabelle für die 1. Region
3) Zeilennummer der Szenentabelle für die 2. Region
4) Zeilennummer der Szenentabelle für die 3. Region oder:
   Zeiger zu einer Überlaufliste, falls mehr als drei Regionen in der Zelle liegen.

Da selten mehr als drei Regionen in einer Zelle liegen, ist diese Organisation wirkungsvoll. Selbst wenn auf die Überlaufliste zugegriffen werden muß, ist dies ohne großen Zeitaufwand möglich.

Die Zellen der Szenenskizze sind so organisiert, daß man aus den Schwerpunktkoordinaten einer Region sofort die Adresse der betreffenden Skizzenzelle berechnen kann. Das obere Byte der Zellenadresse ergibt sich aus Xs/16; das untere Byte aus Ys/16. Auf diese Adresse muß noch die Bodenadresse der Skizze aufaddiert werden, dann hat man die exakte Adresse der Zelle. Da die Division durch 16 lediglich vierfaches Verschieben nach rechts erfordert, ist die Adreßberechnung extrem schnell. Dem Feld einer Zelle entnimmt man für jede

Region die dazugehörige Zeilennummer der Szenentabelle. Dort kann man auf die Merkmale der Region zugreifen. Die Szenenskizze ist im wesentlichen eine Zugriffstruktur für die Szenentabelle. Sie wird aus dieser in einem Durchlauf durch die Daten durch das Programm SKETCH.SORT erstellt. Dieses Programm hat einen linearen Aufwand O(STL), wobei STL die Länge der Szenentabelle ist.

Für den Zugriff auf die Szenenskizze wurden drei spezielle Suchroutinen implementiert:

- SKETCH.SEARCH.C
Eingabedaten sind X-Y-Koordinaten. Ausgegeben wird eine Liste von Zeilennummern der Szenentabelle für alle Regionen, die in derselben Skizzenzelle wie die Eingabe-Koordinaten liegen.

- SKETCH.SEARCH.9
Eingabedaten sind X-Y-Koordinaten. Ausgegeben wird eine Liste von Zeilennummern der Szenentabelle für alle Regionen, die entweder in derselben Skizzenzelle wie die Eingabekoordinaten oder in einer der benachbarten Zellen liegen (d.h. es werden 3 x 3 Skizzenzellen abgesucht.).

- SKETCH.SEARCH.W
Eingabedaten sind die linke obere und die rechte untere Ecke eines rechteckigen Suchfensters. Ausgegeben wird eine Liste von Zeilennummern der Szenentabelle für alle Regionen, die in einer der Skizzenzellen liegen, die vom Suchfenster überdeckt sind.

Wie man sieht, kann man mit diesen Suchroutinen bei einer beliebigen Stelle im Bild (nicht notwendigerweise bei einer Region!) fragen, welche Regionen in der Nachbarschaft dieser Stelle liegen. Die Nachbarschaft besteht dabei entweder lediglich aus der betreffenden Zelle der Szenenskizze, oder einem Feld von 3 x 3 Zellen oder allen Zellen, die von einem Suchfenster überdeckt sind.

Neben solchen Suchroutinen, die nach Orten orientiert sind, benötigt man in der Bildanalyse auch Suchroutinen, die Regionen mit bestimmten Merkmalswerten liefern. So kann man z.B. nach Regionen fragen, deren Flächenwert zwischen zwei Schwellwerten liegt. In der augenblicklich implementierten S.A.M.-Software ist es möglich, solche Bereichsfragen für das Merkmal "Fläche" zu stellen. Andere Merkmale wurden bisher nicht berücksichtigt, weil sich dafür noch keine Notwendigkeit ergeben hat. Sollte dies eintreten, so kann im Prinzip dieselbe Organisation gewählt werden, wie im folgenden besprochen.

Flächenwerte werden in einer Datenstruktur organisiert, die aus zwei Teilstrukturen besteht: der AREA-KEY-TABLE (AK-Tabelle) und der AREA-LIST (A-Liste). Die AK-Tabelle dient dem schnellen Zugriff für einen vorgegebenen Flächenwert; der Zugriff erfolgt auf die A-Liste. In dieser sind jedoch nicht Flächenwerte gespeichert, sondern die Zeilennummern der Szenentabelle für alle Regionen, deren Flächenwerte im entsprechenden Suchbereich liegen. Derartige Techniken sind in der S.A.M.-Software mehrfach verwendet worden: Eine schnelle Zugriffsstruktur (die meist auf Hash-Kodierung beruht) erlaubt den direkten Zugriff auf geordnete Daten, die zur eigentlich gesuchen Information führen (die meistens in der Szenentabelle enthalten ist).

Die AK-Tabelle ist in 6 Wertbereiche aufgeteilt, deren Breite ständig zunimmt: 0 - 255, 256 - 1023, 1024 - 2047, 2048 - 4095, 4096 - 8191, $\geq$ 8192. Jeder dieser Bereiche ist in Zellen unterteilt. Die Anzahl der Zellen pro Bereich variiert mit der Wichtigkeit des jeweiligen Bereiches. Die Bereiche haben folgende Zellenverteilung:

1) Bereich   0 - 255: 16 Zellen mit je 16 Werten;
2) Bereich 256 - 1023: 24 Zellen mit je 32 Werten;
3) Bereich 1024 - 2047: 16 Zellen mit je 64 Werten;
4) Bereich 2048 - 4095: 16 Zellen mit je 128 Werten;
5) Bereich 5096 - 8191: 16 Zellen mit je 256 Werten;
6) Bereich $\geq$ 8192: 1 Zelle mit allen restlichen Werten.

Bild 3.2.1-3 zeigt die Struktur der AK-Tabelle und der A-Liste. Wie man aus dem Bild sieht, gibt jede Zelle der AK-Tabelle an, wieviele Regionen mit Flächenwerten in diesem Wertbereich vorliegen. Der Zeiger der Zelle verweist auf die Adresse der A-Liste, in der Information über diese Regionen gespeichert ist. Zusammengehörige

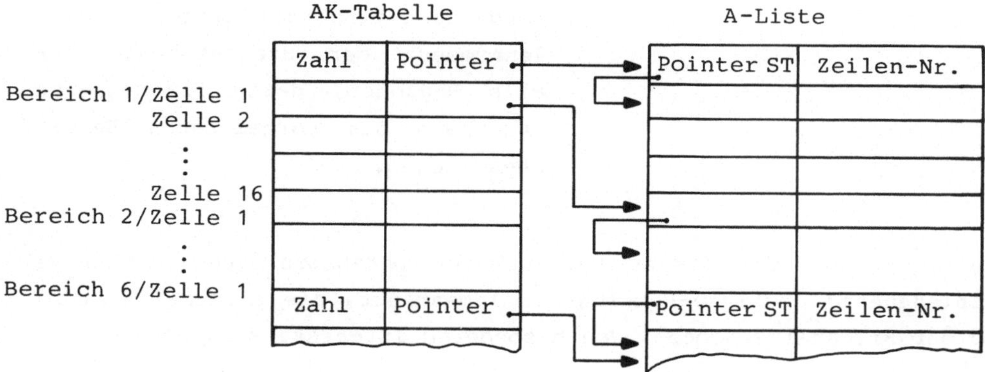

Bild 3.2.1-3: AK-Tabelle und A-Liste

Elemente der A-Liste sind durch Zeiger miteinander verbunden. Der eigentliche Inhalt der Elemente der A-Liste ist wiederum die Zeilennummer der Szenentabelle der betreffenden Regionen. Wenn man eine Region mit einem bestimmten Flächenwert finden will, so bestimmt man den Wertebereich und die Zelle der AK-Tabelle. Diese verweist über den Zeiger auf die A-Liste.

Beginnend mit der Anfangsadresse, auf die der Zeiger verweist, holt man alle Zeilennummern der Szenentabelle und listet diese auf. Mit diesen Zeilennummern kann man dann in die Szenentabelle gehen und die gesuchten Regionen identifizieren.

Die AK-Tabelle und die A-Liste werden durch das Programm AREA.SORT in einem Durchlauf durch die Szenentabelle erstellt. Der Aufwand für AREA-SORT ist linear, d.h. O(STL), wobei STL wieder die Länge der Szenentabelle ist. Es wurden zwei Suchroutinen implementiert, die auf die so organisierten Flächenwerte zugreifen:

- AREA.SEARCH   Eingegeben wird ein Flächenwert.
                             Ausgegeben wird eine Liste von Zeilennummern der Szenentabelle für alle Regionen, deren Flächenwert innerhalb der Zelle des betreffenden Bereiches liegt.

- AREA.SEARCH.TOL   Eingegeben wird ein beliebiger Wertebereich für Flächen: (Amax, Amin).

Ausgegeben wird eine Liste von Zeilennummern der Szenentabelle für alle Regionen, deren Flächenwerte innerhalb des vorgegebenen Bereiches liegen.

Aufbauend auf den bisher besprochenen Datenstrukturen wurden verschiedene Bildanalyse-Routinen implementiert, die allgemeine Probleme der Bildanalyse lösen. Von besonderem Interesse sind hier:

- PNT.PNT.DIST.DIR

'Von einem Punkt zu einem anderen Punkt mit Abstand DIST und Richtung DIR':
Eingabeparameter sind die Koordinaten P1=(x1,y1), Abstand d, und Richtung R.
Ausgegeben wird der Punkt P2=(x2,y2), der von (x1,y1) Abstand DIST in Richtung DIR hat. Die Richtung ist dabei definiert als der mathematisch positive Winkel zwischen einer Horizontalen durch P1 und der Verbindungslinie P1P2.

- Dist.P1.P2

'Abstand P1,P"':
Eingabeparameter sind P1=(x1,y1), P2=(x2,y2).
Ausgegeben wird der Abstand d(P1,P2).

- DIR.P1.P2

'Richtung zwischen P1, P2':
Eingabeparameter sind P1=(x1,y1), P2=(x2,y2).
Ausgegeben wird die Richtung zwischen diesen beiden Punkten, die ebenfalls als der mathematisch positive Winkel zwischen einer Horizontalen durch P1 und der Verbindungslinie P1P2 definiert ist.

- FIX.TOL

'Fester Toleranzwert':
Eingabeparameter sind ein Merkmals-
wert W und ein Schwellwert .
Ausgegeben werden Wmin und Wmax.

- PERC.TOL

'Prozentualer Toleranzwert':
Eingabeparameter sind ein Merkmals-
wert W und eine Toleranz in Prozent.
Ausgegeben werden Wmin und Wmax.

- SEARCH.WINDOW

'Suchfenster':
Eingabeparameter sind die Koordina-
ten eines Punktes und die Breite-
/Höhe eines quadratischen Suchfen-
sters.
Ausgegeben werden die linke obere
Ecke und die rechte untere Ecke
des Suchfensters.

- XHAIR.SELECT

'Fadenkreuz-Selektion':
Eingabeparameter ist die Stellung
des Fadenkreuzes. Das Programm vergleicht diese Stellung mit allen
Eintragungen in der Szenentabelle.
Wenn der Schwerpunkt einer Region
innerhalb eines kleinen Suchinter-
valles von der Fadenkreuzstellung
liegt, dann wird die entsprechende
Zeilennummer der Szenentabelle ausgegeben. Ansonsten: ERROR.

All diese Routinen stellen die Grundsoftware von S.A.M. dar. Diese
Routinen sind so allgemein gehalten, daß alle folgenden Auswertepro-
gramme weitgehend auf ihnen aufgebaut werden können. Als Sprachebene
wurde die Assembler-Ebene verwendet, so daß diese Routinen alle sehr
schnell sind und wesentlich zum Echtzeitverhalten der S.A.M.-Softwa-
re beitragen.

3.2.2 Problem-orientierte Software

Erst auf der Ebene der Problem-orientierten Software werden tatsäch-
liche Bildanalyseaufgaben gelöst - z.B. Werkstückerkennung oder
Sichtprüfung. Zur Zeit des Schreibens sind drei Hauptprogramme implementiert, die für eine Vielzahl von Anwendungen eingesetzt werden
können. Überall dort, wo diese Hauptprogramme nicht eingesetzt
werden können, ist es leicht, mit der vorhandenen Grundsoftware neue
Hauptprogramme zu implementieren. Bereits bei der Grundsoftware
wurde das Prinzip verfolgt, Programme hierarchisch zu implementieren, d.h. Routinen so ineinander zu verschachteln, daß jeweils nur
einfache Aufgaben zu lösen sind. Dieses Prinzip wurde auch auf der
Problem-orientierten Ebene verfolgt. Vor der Implementierung der
Hauptprgramme wurden deshalb zunächst einige Prozeduren geschrieben,
auf denen die Hauptprogramme dann aufbauen. Durch die Existenz
dieser Prozeduren ist es möglich, die Hauptprogramme so zu realisieren, daß sie im wesentlichen nur noch die Kontrollstruktur des
Gesamtablaufes enthalten.

Merkmalsvergleich

Einer der wichtigsten Schritte in der Werkstückerkennung ist der
Vergleich zwischen Werten der Modellmerkmale und den Werten, die in
der Szenentabelle gespeichert sind. Typischerweise legt das Modell
fest, welche Merkmalswerte eine Region haben sollte. In der Erken-
nungsphase muß verifiziert werden, ob eine Region diese Bedingungen
auch tatsächlich erfüllt. Da die S.A.M.-Hardware als Merkmale die
Fläche, Konturlänge und Anzahl von Löchern einer Region berechnet,
vergleicht die Prozedur FEATURE.VERIFICATION nacheinander diese drei
Merkmale zwischen einem vorgegebenen Modell und allen Regionen, die
in der Szenentabelle gespeichert sind. Bild 3.2.2.-1 zeigt die
Struktur dieser Prozedur.

Wie man aus Bild 3.2.2-1 sehen kann, holt diese Prozedur zunächst
die Werte der Modellmerkmale aus dem Modell und führt dann die
Routine AREA.SEARCH.TOL durch. Diese liefert eine Liste der Regionen, deren Flächenwerte innerhalb des Toleranzbereiches des Modell-
wertes liegen. Die erhaltene Liste ist: AREA.LIST. Für alle in
dieser Liste enthaltenen Regionen werden deren Konturlängen mit
denen des Modells verglichen. Als Ergebnis erhält man eine (kürzere)

```
procedure        'FEATURE.VERIFICATION'
    begin        GET.MODEL.FEATURES
                 AREA.SEARCH.TOL
                 do AREA.LIST.NEXT
                     PERC.TOL.PERIMETER
                     PERIMETER.COMPARISON
                 od
                 do PERIMETER.LIST.NEXT
                     HOLE.COMPARISON
                 od
    end
```

Bild 3.2.2-1: Prozedur "Merkmalsvergleich"

Liste: PERIMETER.LIST. Die Elemente dieser Liste werden dann zum
Vergleich der Anzahl der Löcher weitergereicht. Dieser Vergleich
legt eine minimale und maximale Anzahl von erlaubten Löchern zugrunde. Es ist in vielen Fällen günstig, hier keine Toleranzen zuzulas-
sen, d.h. $Zmin = Zmax$ zu setzen. Das Ergebnis der gesamten Prozedur
ist eine Liste von Zeilennummern der Szenentabelle, deren Regionen
alle Modellwerte erfüllen. Wie man sieht, ist die Eingabe zu dieser
Prozedur eine Liste; zwischen den einzelnen Vergleichsstufen werden
jeweils Listen der verbliebenen Kandidaten weitergereicht und das
endgültige Ergebnis ist wiederum eine Liste (allerdings in der Regel
nur noch mit einem Element!). Diese Listen werden jeweils durch eine
Routine XXXX.LIST.NEXT abgearbeitet. Diese Routine holt ein Element
nach dem anderen aus der Liste, bis diese abgearbeitet ist. Dann
übergibt diese Routine die Kontrolle an die nächste. Es sei hier
vermerkt, daß vor Aufruf der Prozedur FEATURE.VERIFICATION die Routine AREA.SORT aufgerufen werden muß, damit die Flächenwerte vorsortiert werden.

Nächster-Nachbar-Klassifikator

Eine Anwendung dieser Prozedur findet sich im Programm einer "Näch-
ster-Nachbar-Klassifikation." Dieses Programm liefert alle Regionen,
die einer vorgegebenen Menge von Modellklassen entsprechen. Diese
Modellklassen werden während einer 'Teach-In'-Phase dem System einge-

```
program        'NEAREST-NEIGHBOR-CLASSIFIER'
  begin        GET.SCENE.TABLE
               AREA.SORT
               GET.INPUT.CLASSES
               do GET.NEXT.CLASS
                  GET.CLASS.FEATURES
                  FEATURE.VERIFICATION
               od
               do CLASS.LIST.NEXT
                  ASCII.CLASS.NUMBER
               od
  end
```

Bild 3.2.2-2: Programm "Nächster-Nachbar-Klassifikator"

geben. Die Teach-In-Phase wird weiter unten beschrieben. Bild 3.2.2-2 zeigt die Struktur dieses Programmes.

Bei diesem Programm wird zunächst die Szenentabelle erstellt und anschließend werden die Flächen sortiert. Dies wird durch die Routinen GET.SCENE.TABLE und AREA.SORT erledigt. Danach wird eine Liste von Modellen geholt, die erkannt werden müssen (GET.INPUT.CLASSES). Aus dieser Liste wird jeweils das nächste Modell aufgerufen (GET-.NEXT.CLASS) und die entsprechenden Modellmerkmale werden übergeben (GET.CLASS.FEATURES). Die Prozedur FEATURE.VERIFICATION liefert für jede dieser Klassen alle Regionen, deren Merkmale mit denen eines der Modelle übereinstimmen. Diese Regionen werden für jedes Modell in der CLASS.LIST ausgegeben. Im letzten Schritt werden alle erkannten Regionen auf einem FS-Monitor dargestellt. Dabei wird (durch ASCII.CLASS.NUMBER) die jeweilige Modellklasse eingeblendet.

Modellzugriff

Bei der "Nächsten-Nachbar-Klassifikation" geht man davon aus, daß das Abbild eines Werkstückes nur aus einer einzigen Region besteht. Dies gilt vor allem, wenn Durchlichtbeleuchtung eingesetzt wird. Bei Auflichtbeleuchtung zerfallen die Silhouetten der Werkstücke in der Regel so, daß die Modelle aus mehreren Regionen bestehen. Mit solchen Modellen wird jedoch die Erkennungsaufgabe wesentlich schwieriger. Wenn man eine Region mit bestimmten Merkmalen betrachtet, so stellt sich die Frage, zu welchem der Modelle sie wohl gehören könnte? Es ist daher erstrebenswert, die Modelle so zu ordnen, daß man bei Vorgabe einer beliebigen Region sofort feststellen kann, in welchen der Modelle diese Region vorkommt. Diese Feststellung wird durch eine Datenstruktur MODEL.ACCESS.STRUCTURE ermöglicht. Diese Datenstruktur ist ganz ähnlich wie die AK-Tabelle/A-Liste aufgebaut. Bild 3.2.2-3 zeigt den Aufbau dieser Datenstruktur.

Wie die Ak-Tabelle ist auch die MODEL.ACCESS.STRUCTURE am Wert der Flächen von Regionen orientiert. Für den Zugriff zu dieser Datenstruktur wird eine Hash-Kodierung der Fläche verwendet, indem diese durch eine Konstante dividiert wird (= Einteilung in äquidistante Intervalle).

Im Unterschied zur AREA.LIST enthält die entsprechende MODEL.LIST zwei Zeiger: Ein Zeiger verweist auf den "Kopf" des Modells, der zweite Zeiger verweist direkt auf die Region mit dem entsprechenden Flächenwert. Analog zu den Prozeduren AREA.SORT und AREA.SEARCH arbeiten die Prozeduren MODEL.SORT und MODEL.ACCESS.

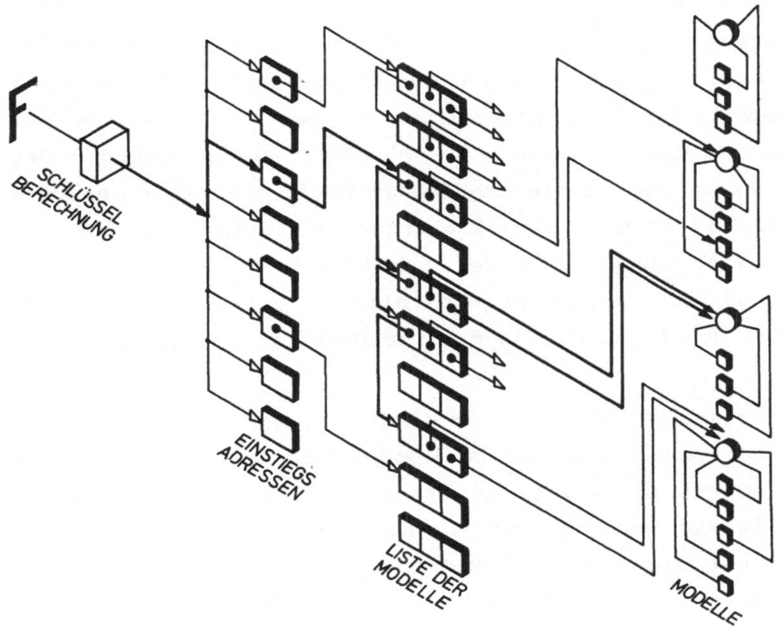

Bild 3.2.2-3: Datenstruktur für den Zugriff auf Modelle

MODEL.SORT erstellt die Datenstruktur MODEL.ACCESS.STRUCTURE, die Prozedur MODEL.ACCESS liefert eine Liste von Modellen, zusammen mit Regionen dieser Modelle, die den vorgegebenen Regionen entsprechen. Mit anderen Worten: Wenn eine Region mit einem bestimmten Flächenwert gegeben ist, dann erhält man eine Liste der möglichen Modelle und die Aussage, wo in den Modellen die entsprechenden Regionen auftreten. Damit erhält man praktisch eine Liste derjenigen Modelle, die für eine Erkennung in Frage kommen. Diese Modelle werden in eine Warteschlange der "Kandidaten" eingebracht; diese Warteschlange wird dann sequentiell abgearbeitet.

<u>Polarcheck</u>

Der aus der Literatur bekannte Polarcheck geht davon aus, daß die Werkstücksilhouette nur aus einer einzigen Region besteht /HEGINBO-THAM et al. '73/. Bei der Implementierung dieses Erkennungsverfahrens wurde diese Voraussetzung fallen gelassen. Es ist durchaus erlaubt, daß die Werkstücksilhouette aus mehreren Regionen besteht. Unter diesen Regionen wird <u>eine</u> als die "Dominante" (DOM) ausgewählt. Liegt nur eine Region vor, so ist diese automatisch die Dominante. Bei der Auswahl der Dominante in der Lernphase sollte man darauf achten, daß sich die Dominante möglichst stark von den restlichen Regionen unterscheidet, d.h. man wählt die auffälligste Region aus. Die restlichen Regionen werden zu "Trabanten" der Dominante erklärt. Das Modell der Werkstücksilhouette besteht dann aus der Dominante und den Trabanten, wobei die Abstände und Richtungen der Trabantenschwerpunkte vom Dominantenschwerpunkt ebenfalls gespeichert werden. Die Richtungen der Trabanten beziehen sich auf den Winkel, den die Verbindungslinie der Schwerpunkte mit einer Linie durch eine Nullage der Dominante einschließt. Diese Nullage wird vorgegeben als die Drehlage, die in der Lernphase vorgelegt wurde.

Das Erkennungsprogramm POLAR.CHECK arbeitet in zwei Schritten. Zunächst wird der Polarcheck mit der Dominante durchgeführt. Durch den Polarcheck wird sowohl die Dominante erkannt als auch ihre Drehlage bestimmt. Anschließend wird überprüft, ob alle Trabanten vorhanden sind. Mit Hilfe der Abstände und Richtungen des Modelles und der gemessenen Drehlage wird vorhergesagt, wo diese Trabanten zu suchen sind. Das Modell gibt außerdem an, welche Merkmalswerte die Trabanten haben müssen.

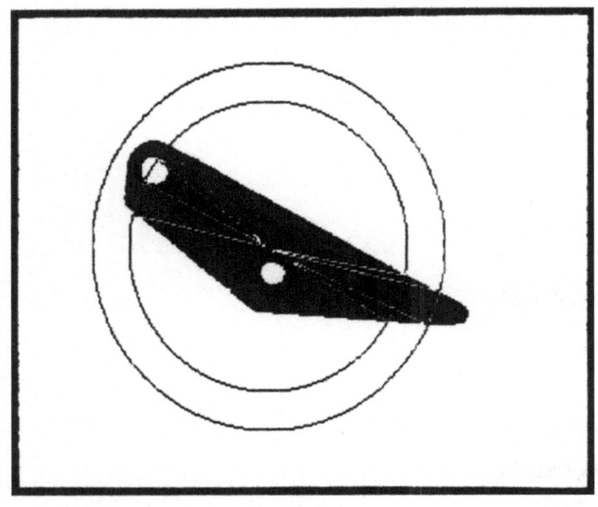

Bild 3.2.2-4:
Polarcheck mit einer Region

Der Polarcheck selbst besteht darin, einen oder mehrere Kreise mit bestimmten Radien um den Schwerpunkt der Dominante zu schlagen und die Schnittpunkte der Kreise mit der Kontur der Dominante zu bestimmen. Wenn man diese Schnittpunkte mit dem Schwerpunkt verbindet, erhält man eine Folge von Winkeln (vgl. Bild 3.2.2-4). Diese Winkelfolge wird mit einer Modellwinkelfolge verglichen. Während des Vergleiches werden die beiden Winkelfolgen solange gegeneinander verdreht, bis maximale Übereinstimmung gegeben ist. Wird eine solche maximale Übereinstimmung erreicht, dann hat man gleichzeitig auch die Drehlage bestimmt. Bild 3.2.2-5 zeigt die Ablaufstruktur von POLAR.CHECK.

Wie man aus Bild 3.2.2-5 sieht, erzeugt das Programm zunächst die Szenentabelle und organisiert deren Daten durch SKETCH.SORT und AREA.SORT. Damit liegen sowohl die Szenenskizze als auch die AREA.AC-CESS.STRUCTURE vor. In der Hauptschleife werden Regionen, die aufgrund ihrer Fläche eine Dominante sein könnten, nacheinander abgearbeitet. In der Lernphase wird ermittelt, in welchem Wertebereich die Flächen aller vorkommenden Dominanten liegen, d.h. man bestimmt (Amin, Amax). Die Prozedur NEXT.AREA holt jeweils einen Flächenwert von der A-Liste und übergibt ihn an die Prozedur MODEL.ACCESS. Diese erzeugt eine Warteschlange mit Adressen von Modellen und Regionen, die diesen Flächenwert aufweisen.

```
program 'POLAR.CHECK'
  begin GET.SCENE.TABLE
        SKETCH.SORT
        AREA.SORT

        do   NEXT.AREA
             MODEL.ACCESS

             do  QUEUE.NEXT
                 FEATURE.VERIFICATION

                 do  RESULT.LIST.NEXT
                     MASK.DOM

                     do  NEXT.CIRCLE
                         ANGLE.SEQUENCE
                         CORRELATION

                     od
                     GET.ROT.ANGLE

                     do  NEXT.TRAB
                         PNT.PNT.DIST.DIR
                         SKETCH.SEARCH.9
                         FEATURE.VERIFICATION

                     od

                 od

             od

        od

  end
```

Bild 3.2.2-5: Programm POLAR.CHECK

Diese Warteschlange wird von QUEUE.NEXT abgearbeitet, indem jeweils
ein Adreßpaar der Warteschlange entnommen wird. Mit Hilfe von FEA-
TURE.VERIFICATION werden die Merkmale des betreffenden Modelles mit
denen der vorliegenden Region verglichen. Falls diese übereinstimmen, wird diese Region in eine Ergebnisliste RESULT.LIST als hypothe-
tische Dominante eingetragen.

Bevor man einen Polarcheck durchführt, muß man die Dominante von
allen anderen Regionen isolieren. Ansonsten würden die Kreise des
Polarchecks auch andere, benachbarte Regionen schneiden. Dies würde
zu verfälschten Ergebnissen führen, die die Erkennung und Drehlagen-
bestimmung verhindern. Bild 3.2.2-6 zeigt ein Beispiel für diesen

Effekt. Als Dominante wurde die längliche, dreieckige Region im Zentrum der Silhouette gewählt. Würde man einen Polarcheck sofort durchführen, so würden auch die beiden länglichen Streifen oberhalb und unterhalb der Dominante geschnitten. Mit Hilfe der Maskierungs-Operation ist es jedoch leicht möglich, die Dominante von allen anderen Regionen im Bild zu trennen: Es werden alle Marken der Dominante für die Komponentenmarkierung gesezt und die Maskierung durchgeführt, indem das Bild aus Bildspeicher 1 in den Bildspeicher

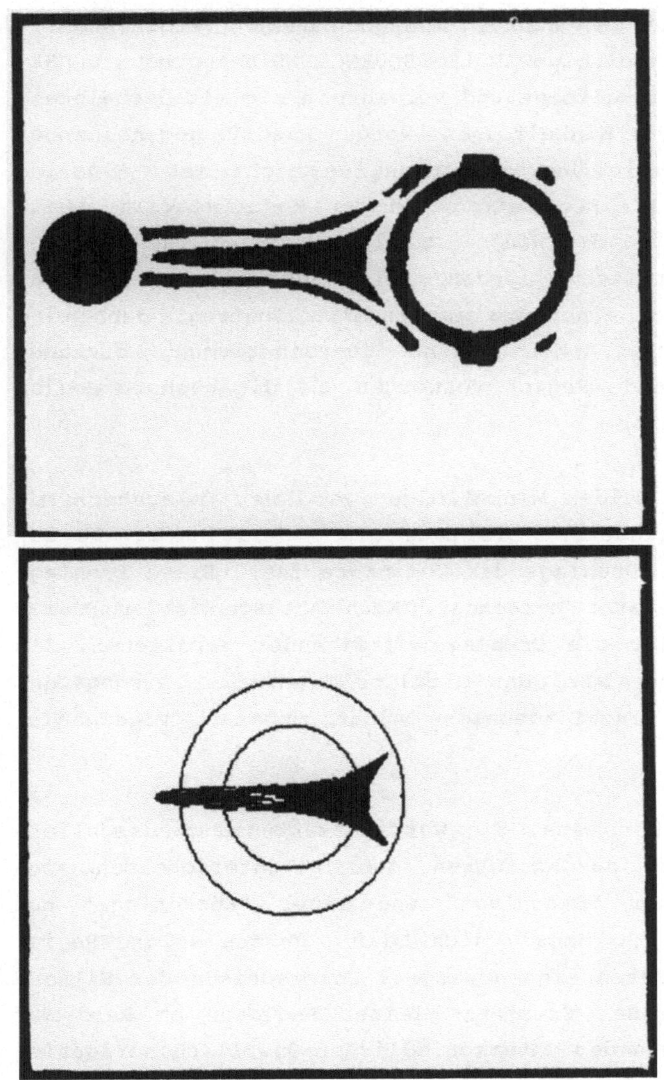

Bild 3.2.2.-6: Polarcheck nach Maskierung von Regionen

2 transferiert wird. Aufgrund der Maskierung erhält man in diesem Bildspeicher ein Bild, das nur noch die Dominante enthält (siehe Bild 3.2.2-6).

Erst jetzt kann der Polarcheck durchgeführt werden. Im Modell, das als Hypothese zugrundegelegt ist, sind die eingelernten Kreise (Anzahl und Radien) gespeichert. Die Kreise werden einzeln nacheinander abgearbeitet. Jeder Kreis wird im Bildspeicher 2 Punkt für Punkt erzeugt, und es wird dabei verfolgt, an welchen Stellen die Kontur der Dominante geschnitten wird. Diese Schnittpunkte werden mit dem Schwerpunkt verbunden. Aus den Winkeln zwischen diesen Verbindungslinien ergibt sich eine Winkelfolge ANGLE.SEQUENCE. Die Prozedur CORRELATION übernimmt diese Winkelfolge und vergleicht sie mit der Winkelfolge des Modelles. Die Winkelfolgen werden dabei gegeneinander rotiert, bis eine maximale Übereinstimmung erreicht ist. Einzelne Winkel können um einen kleinen Betrag von den Modellwinkeln abweichen. Außerdem sind kleine Störwinkel zugelassen, die einen Meßwinkel dreiteilen. Überschreitet allerdings die Summe aller Abweichungen und aller Störwinkel einen bestimmten Winkelbetrag, dann wird der Vergleich abgebrochen. Wenn keine Übereinstimmung zustande kommt, wird die betreffende Region verworfen und die nächste Region aus der RESULT.LIST geholt.

Bei Übereinstimmung der beiden Winkelfolgen wird der Polarcheck mit dem nächsten Kreis fortgesetzt. Die Lage der Modellwinkelfolge bei Übereinstimmung legt die Drehlage der Dominante fest. Diese Drehlage wird für alle Kreise separat berechnet. Nach Abtasten aller Kreise werden die Ergebnisse für die Drehlage miteinander verglichen. Als Ergebnis für die Drehlage wird der mittlere Drehwinkel ausgegeben, vorausgesetzt, daß die Einzelergebnisse nicht zu stark voneinander abweichen.

In einigen Fällen reicht es aus, die Werkstückerkennung ausschließlich mit dem Polarcheck durchzuführen. Häufig unterscheiden sich aber Werkstücke in einer "Bauchlage" und einer "Rückenlage" nur geringfügig voneinander. So ähneln sich häufig gerade solche Regionen, die sich als Dominanten eignen würden. Unterschiede der Silhouette liegen oft nur in der Existenz kleiner Regionen am Rand der Silhouette. Dies rührt von der unterschiedlichen Oberflächenorientierung der Werkstücke an den Rändern (Bord nach oben oder unten), deren Folge ein unterschiedliches Reflexionsverhalten dieser Flächen ist. Derart ähnliche Silhouetten lassen sich trotzdem unterscheiden, wenn man das Konzept der Trabanten ausnutzt. Hierfür muß das Modell neben den Daten des Polarchecks auch die Trabanten und ihre relative Lage zur Dominanten speichern. Die relative Lage der Trabanten wird auf eine Nullage der Dominanten in der Lernphase bezogen. Nach dem Polarcheck wird mit Hilfe der Modelldaten aus der relativen Lage der Trabanten deren vermutete, absolute Lage im Bild berechnet. Auf diese Weise muß man nicht auf Verdacht das gesamte Bild absuchen, sondern kann gezielt (mit Hilfe der Grundsoftware) auf bestimmte Stellen im Bild zugreifen und prüfen, ob die vom Modell geforderten Trabanten vorhanden sind. Damit wird es leicht, zwischen Modellen zu unterscheiden, die sich bis auf wenige Trabanten gleichen.

Deshalb schließt sich nach dem Polarcheck die Trabantensuche an. Die Prozedur NEXT.TRAB holt aus dem Modell den nächsten Trabanten (mit Merkmalen und relativer Lage). PNT.PNT.DIST.DIR. berechnet daraus die absolute Lage im Bild; SKETCH.SEARCH.9 liefert eine Liste von Regionen, die als Kandidaten für den Trabanten in Frage kommen. Die Prozedur FEATURE.VERIFICATION bestimmt darauf diejenige Region, deren Merkmale am besten mit denen des Modells übereinstimmen. Die Suche nach Trabanten wird fortgesetzt, bis alle Trabanten gefunden sind, die vom Modell gefordert werden. Bild 3.2.2-7 zeigt ein Beispiel für ein Polarcheck-Modell mit Trabanten (siehe weiter unten).

Relationale Modelle

Die Idee, relative Lagen von Regionen zueinander für die Werkstückerkennung auszunutzen, kann einen Schritt weitergetrieben werden, wenn man auf den Polarcheck verzichtet. Die Erkennung beruht dann nur noch auf der Auswertung der Relationen von Regionen. Bei einer solchen Vorgehensweise ist es extrem wichtig, den Suchprozeß durch leistungsfähige Modelle zu lenken, da sonst der Suchaufwand sehr groß werden kann. Die Steuerung des Suchvorganges wird hier von "relationalen" Modellen übernommen. Es ist wichtig zu verstehen, daß diese Modelle aus zwei verschiedenen Strukturen bestehen:

1) einer Relational-Struktur, die angibt, in welcher Weise die Regionen des Modelles zusammenhängen;
2) einer Kontrollstruktur, die vorgibt, in welcher Reihenfolge die Regionen gesucht werden müssen.

Relationale Modelle sind in der Literatur verschiedentlich untersucht worden (vgl. Abschnitt 2.2.2). Der Unterschied zwischen diesen relationalen Modellen liegt in der Kontrollstruktur begründet, die bei den in S.A.M. implementierten Modellen eingeführt ist. Ähnlich wie beim Polarcheck (Dominante und Trabanten) werden auch hier nicht alle Regionen des Modelles gleich behandelt. _Eine_ der Regionen wird als Zugriffsregion ('Access-region' ACR) in das Modell definiert. Diese Region muß zuerst gefunden werden, bevor die Modell-gestützte Suche beginnen kann. Die ACR spielt somit eine ähnliche Rolle wie die Dominante beim Polarcheck. Die Zugriffsregion sollte ebenfalls leicht zu erkennen sein, d.h. so ausgeprägte Merkmale haben, daß sie leicht aus den Daten zu finden ist. Neben der ACR wird eine zweite besondere Region benötigt, um eine Orientierung in der Bildebene festlegen zu können. Dies ist erforderlich, weil S.A.M. zur Zeit noch keine Merkmale extrahiert, die sich für die Feststellung der Orientierung einer Fläche verwenden lassen (wie etwa die Trägheitsmomente). Diese zweite Region wird TRAB1 genannt, der "erste Trabant". Wie ACR muß auch TRAB1 leicht zu finden sein. Als einziges Hilfsmittel steht zu diesem Zeitpunkt der Analyse lediglich der Abstand von ACR zu TRAB1 zur Verfügung. Sind diese beiden Regionen gefunden, dann legt die Verbindungslinie zwischen ihren Schwerpunkten die Orientierung der Silhouette fest.

Alle anderen Regionen werden an die ACR als Trabanten angehängt. Ab hier verläuft die Analyse wie bei der Trabantensuche des Polarchecks.

Anstelle von Regionen können auch Löcher als Elemente von relationalen Modellen verwendet werden. In diesem Fall muß man die Polarität des Binärbildes so einstellen, daß Löcher schwarz (als Figur) dargestellt werden. Die Umkehrung der Polarität ist kein Problem; man kann dies entweder durch einen Schalter von Hand einstellen oder der Mikroprozessor kann ein entsprechendes SAMOS-Kommando geben. Es ist ohne weiteres möglich, relationale Modelle einzusetzen, die sowohl Regionen als auch Löcher als Elemente verwenden. In diesem Fall wird das Bild eingelesen, durch die Merkmalsprozessoren analysiert und gespeichert. Sobald die Szenentabelle erstellt ist, wird das Bild invertiert aus dem Bildspeicher ausgelesen und analysiert. Bei der zweiten Analyse werden die Merkmale der Löcher ermittelt. Die beiden so entstandenen Szenentabellen können zu einer Tabelle vereint werden, wobei man markiert, welche Eintragungen Regionen und welche

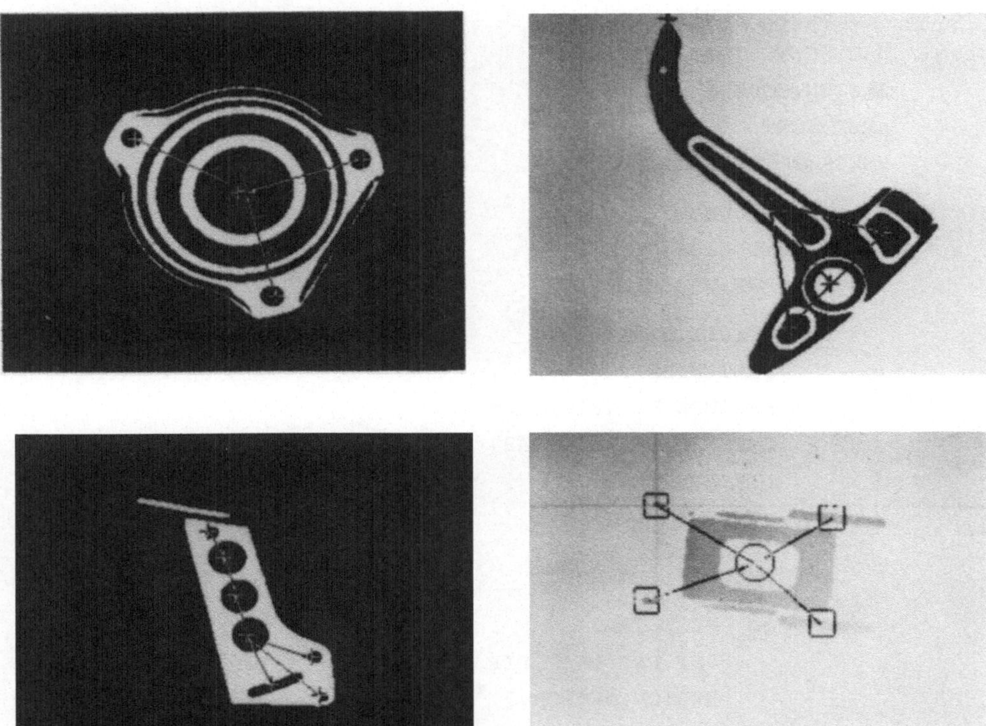

Bild 3.2.2-7: Relationale Modelle mit:
- Regionen (linke Spalte)
- Löchern (rechte Spalte)

Löcher sind. Bild 3.2.2-7 zeigt Beispiele für relationale Modelle, wobei allerdings keine gemischten Modelle gezeigt sind.

In Bild 3.2.2-8 ist die Ablaufstruktur des Programmes "Modellgestützte Suche" aufgelistet. Wie alle anderen Programme beginnt man mit der Erzeugung der Szenentabelle. Danach werden die Daten mittels SKETCH-.SORT und AREA.SORT vorsortiert. Bevor die eigentliche Analyse beginnt, wird anhand der Gesamtfläche im Bild geprüft, ob es sich überhaupt lohnt, das Bild auszuwerten. Falls dies nicht der Fall ist, wird ein neues Bild eingelesen. Bei positivem Ergebnis beginnt die Suche nach einer Zugriffsregion ACR. Aus den Modellen wird das

```
program 'MODEL.SEARCH'
  begin GET.SCENE.TABLE
        SKETCH.SORT
        AREA.SORT
        CHECK.TOTAL.AREA

        do  NEXT.MODEL
            GET.MODEL.FEATURES
            FEATURE.VERIFICATION

            do  RESULT.LIST.NEXT
                SKETCH.SEARCH.W
                FEATURE.VERIFICATION
                CHECK.DIST.ACR.TRAB1
                DIR.ACR.TRAB1

            od

            do  RESULT.LIST.NEXT

                do  NEXT.TRAB
                    PNT.PNT.DIST.DIR
                    SKETCH.SEARCH.9
                    FEATURE.VERIFICATION
                    CHECK.DIST.ACR.TRAB
                    CHECK.DIR.ACR.TRAB

                od
            od
        od
        GET.GRIP.POINT.DATA
        PNT.PNT.DIST.DIR
end
```

Bild 3.2.2-8: Programm "Modell-gestützte Suche"

jeweils nächste Modell durch NEXT.MODEL geholt, und die Merkmale
seiner Zugriffsregion werden gelesen (GET.MODEL.FEATURES). Diese
Merkmale werden an die FEATURE.VERIFICATION weitergereicht. Diese
Prozedur vergleicht die Merkmale mit denen der Szenentabelle und
liefert als Ergebnis die RESULT.LIST, in der alle Regionen aufgeführt sind, die als Zugriffsregion in Frage kommen. In der RESULT.LIST

wird neben jedem Kandidaten auch festgehalten, zu welchem Modell er paßt.

Von dieser Liste werden die Kandidaten der Reihe nach untersucht (RESULT.LIST.NEXT). Der nächste Schritt ist die Suche nach TRAB1. Diese Region wird durch SKETCH.SEARCH.W in einem Suchfenster gesucht, dessen Dimensionen sich aus dem Abstand zwischen ACR und TRAB1 ergeben. Dieser Abstand ist im Modell gespeichert. SKETCH.SE-ARCH.W liefert alle Regionen, die in diesem Suchfenster liegen. Die Prozedur FEATURE.VERIFICATION vergleicht deren Merkmale mit denen des Modells. Hat man eine Region gefunden, die TRAB1 sein könnte, so wird zur Probe deren Abstand zu ACR berechnet und mit dem Modellab-stand verglichen. Dies ist notwendig, weil in einem rechteckigen Suchfenster gesucht wird, dessen Mindestausmaße (horizontal, verti-kal) diesen Abstand betragen. Damit sind die Diagonalen wesentlich länger, und es sind Verwechslungen bzgl. TRAB1 möglich. Ist TRAB1 bestätigt, so wird die Richtung zwischen ACR und TRAB berechnet (DIR.ACR.TRAB1). Diese Richtung ist definiert als der mathematisch positive Winkel zwischen einer Horizontalen durch den ACR-Schwer-punkt und der Verbindungslinie ACR-TRAB1.

Sobald diese Richtung bestimmt ist, kann die Trabantensuche mit genauen Vorhersagen der zu erwartenden Orte beginnen. Diese Suche verläuft analog zur Trabantensuche im Polarcheck. Da bei der Modell-gestützten die Analyse im wesentlichen von den Relationen der Regio-nen untereinander abhängt, werden die gefundenen Trabanten daraufhin genau geprüft. Dies geschieht, indem der exakte Abstand (CHECK.DI-ST.ACR.TRAB) und die exakte Richtung (CHECK.DIR.ACR.TRAB) aus den gefundenen Werten berechnet und mit den Modellwerten verglichen werden. Dies ist notwendig, weil die Suche nach diesen Trabanten in einem Suchfenster von 3 x 3 Skizzenzellen verläuft und dabei auch falsche Trabanten entdeckt werden können. Insbesondere wenn mehr als ein möglicher Trabant im Suchfenster liegt, kann durch die beiden Überprüfungen der richtige ausgewählt werden.

Es bleibt ein weiterer Schritt zu vollziehen, der auch im Polar-check-Programm realisiert ist. Bisher wurde die Position des Werk-stückes als die Position des Schwerpunktes der Dominante bzw. der Zugriffsregion definiert. Dieser Punkt ist jedoch nicht notwendigerweise ein guter Greifpunkt für den Robotergreifer. Es muß deshalb in der Lernphase unter anderem auch ein "Greifpunkt" gewählt und eingelernt werden. Dies ist leicht möglich, wenn man diesen Greifpunkt als eine Art Trabanten auffaßt: Man speichert Abstand und Richtung im Modell, bezogen auf die Dominante oder die Zugriffsregion. Sobald die Position und die Drehlage der Silhouette bestimmt sind, werden die Greifpunktdaten aus dem Modell geholt (GET.GRIP.POINT.DATA), und aus der relativen Lage wird die absolute Lage berechnet. Dies geschieht mit Hilfe der Prozedur PNT.PNT.DIST.DIR. Damit liegt die Position des Greifpunktes fest und kann - zusammen mit der Lageklasse und der Drehlage - an den Roboterrechner übergeben werden.

3.2.3 Bediener-orientierte Software

Die dritte Schicht von S.A.M.-Software ist für den Bediener des Systems vor Ort ausgerichtet und unterstützt diesen beim Umrüsten auf die Erkennung neuer Werkstücke. Auf dieser Ebene muß nicht ein neuer Anwendungsfall gelöst werden, sondern - im Rahmen der bestehenden Programme - es wird eine Anpassung der Parameter an eine Klasse neuer Werkstücke vorgenommen. Dies ist immer dann notwendig, wenn der Arbeitsplatz auf die Erkennung oder Inspektion anderer Werkstücke umgerüstet wird. Auf dieser Ebene sind alle Software-Module als Dialog ausgelegt. Dieser Dialog wird mit einem FS-Monitor, einer Tastatur und einem Fadenkreuz abgewickelt. Das System gibt dem Bediener auf dem Bildschirm Anweisungen, Hinweise, Ratschläge usw. Der Bediener gibt seine Entscheidungen durch die Tastatur an das System. Wenn im Bild der Einlernszene bestimmte Regionen Punkte oder Regionen "gezeigt" werden müssen, so wird lediglich das Fadenkreuz an die betreffende Stelle gebracht und seine Stellung durch eine Taste der Tastatur an das System übergeben. Bei der Bedienung der Tastatur reicht in der Regel die Eingabe _eines_ Buchstabens aus, so daß wenig getippt werden muß.

Alle Erkennungsprogramme verwenden Daten, die in der Lernphase eingegeben wurden. Während die Meßphase gewissermaßen automatisch, d.h. ohne einen Bediener abläuft, ist die Lernphase typischerweise interaktiv, d.h. Bediener und System "kommunizieren" miteinander. Im folgenden wird angegeben, wie eine solche "Kommunikation" bei den Lernphasen der drei oben aufgeführten Erkennungsprogrammen aussieht.

Im Prinzip verlaufen alle drei in derselben Weise. Ein Werkstück wird in einer bestimmten Lageklasse vor die Kamera des Systems gelegt. Der Bediener zeigt mit dem Fadenkreuz auf Regionen des Binärbildes und gibt über die Tastatur an, was er gerade eingeben will. Es handelt sich also um eine modifizierte "Teach-In"-Programmierung.

Interaktive Bildanalyse

Bevor die einzelnen Lernprogramme beschrieben werden, sei noch darauf verwiesen, daß S.A.M.-Konfigurationen auch als interaktive Systeme für Bildanalysen eingesetzt werden können - ganz ähnlich, wie andere interaktive Bildanalysesysteme, die z.B. zur Mikroskopbildanalyse eingesetzt werden. Eine interaktive Bildanalyse ist aber auch für die Werkstückerkennung interessant, da sie dem "Applikations"-Programmierer erlaubt, schnell Daten für Modelle oder andere Parameter zu gewinnen. Wenn also neue Erkennungsprogramme auf der Problem-orientierten Ebene zu erstellen sind, kann man sich zunächst durch interaktive Analysen ein Konzept der Lösung aufbauen. Desgleichen ist die interaktive Bildanalyse wichtig für die Festlegung von Schwellwerten usw. Aus diesen Gründen wurde ein interaktiver Modus für S.A.M.-Software eingerichtet. Mit ihm können im wesentlichen die Daten, die in der Szenentabelle enthalten sind, leicht gewonnen werden. Andere, leistungsfähigere interaktive Programme können leicht zusätzlich implementiert werden.

Aus Bild 3.2.3-1 sieht man, daß dieses interaktive Programm eine sehr einfache Ablaufstruktur hat. Es wird zunächst die Szenentabelle erzeugt. Anschließend werden dem Benützer des Systems in Form eines "Menüs" seine Möglichkeiten für die Benutzung des Systems mitgeteilt. Diese Menüs sehen üblicherweise folgendermaßen aus:

       F = Fadenkreuz   N = Region   R = Relation

Der Benützer gibt auf der Tastatur einen der vorgegebenen Buchstaben ein und wählt damit einen der drei Fälle "Fadenkreuz", "Region" ode "Relation" aus.

Wählt man das Fadenkreuz, so kann man dessen Koordinaten für jede Stellung im Bild auslesen. Derartige Information kann für die Entwicklung neuer Algorithmen wichtig sein.

```
program  'INTERACTIVE'
  begin  GET.SCENE.TABLE
         PUT.Menu
         GET.CHAR

         if  CHAR

             case    'XHAIR'     then
                                 XHAIR.LOCATION
                                 DISPLAY.XHAIR.COORDINATES

             case    'BLOB'      then
                                 XHAIR.SELECT
                                 DISPLAY.ST.LINE

             case 'RELATION'     then
                                 XHAIR.SELECT.1
                                 XHAIR.SELECT.2
                                 DIST.P1.P2
                                 DIR.P1.P2
                                 DISPLAY.ST.LINE.1
                                 DISPLAY.ST.LINE.2
                                 DISPLAY.DIST.DIR

         fi

end
```

Bild 3.2.3-1: Programm der "interaktiven Bildanalyse"

Hat man "Region" gewählt, so muß man zunächst eine der Regionen im
Bild mit Hilfe des Fadenkreuzes markieren (XHAIR.SELECT). Das System
gibt dann auf dem Bildschirm die entsprechende Zeile der Szenentabelle aus. Dieser kann man alle Informationen über die ausgewählte
Region entnehmen.

Für die Entwicklung relationaler Modelle ist es wichtig, Abstände
und Richtungen interaktiv ermitteln zu können. Dies erlaubt der Fall
"Relation". Hier werden zwei Punkte (oder Regionen) im Bild mit dem
Fadenkreuz markiert. Das System berechnet Abstand und Richtung zwischen diesen beiden Punkten/Regionen, bezogen auf den zuerst ausgewählten Punkt. Diese werden auf dem Bildschirm ausgegeben. Im Falle
von Regionen werden auch zusätzlich deren Szenentabellenzeilen auf
dem Bildschirm dargestellt.

Lernphase: "Nächster-Nachbar-Klassifikator"

Das Lernprogramm für den Nächster-Nachbar-Klassifikator ist sehr einfach, da vorausgesetzt worden war, daß jede Klasse aus nur einer einzigen Region besteht. Man muß also lediglich für jede Klasse die betreffende Region mit dem Fadenkreuz markieren.

Bei der Lernphase können mehrere Klassen gleichzeitig im Bild sein. Die Regionen werden der Reihe nach markiert. Jedesmal, wenn eine Region markiert wird, überträgt das System die Merkmale dieser Region in ein (neues) Modell. Wenn man keine weiteren Regionen eingeben will, beendet man den Einlernvorgang durch Q = 'Quit". Bild 3.2.3-2 zeigt die Ablaufstruktur dieses Programmes. In Bild 3.2.3-3 ist ein praktisches Beispiel gezeigt.

```
program          'NEAREST-NEIGHBOUR-TEACH-IN'
  begin          GET.SCENE.TABLE
                 do GET.CHAR
                    if Char = 'Q' then exit fi
                       XHAIR.SELECT
                       PUT.FEATURES
                 od
  end
```

Bild 3.2.3-2: Lernprogramm für den NN-Klassifikator

Lernphase: Polarcheck

Die Lernprogramme für den Polarcheck und die Modell-gestützte Suche sind sehr ähnlich. Beide machen Gebrauch von zwei Prozeduren: PUT. TRAB und PUT.GRIP.POINT. Mit PUT.TRAB werden Trabanten an die Dominante (DOM) oder die Zugriffsregion (ACR) angehängt. Mit PUT.GRIP. POINT wird ein Greifpunkt vorgegeben. In beiden Fällen wird mit dem Fadenkreuz auf die betreffende Region oder Stelle gezeigt. Das System ermittelt Abstände und Richtungen und speichert diese im Modell.

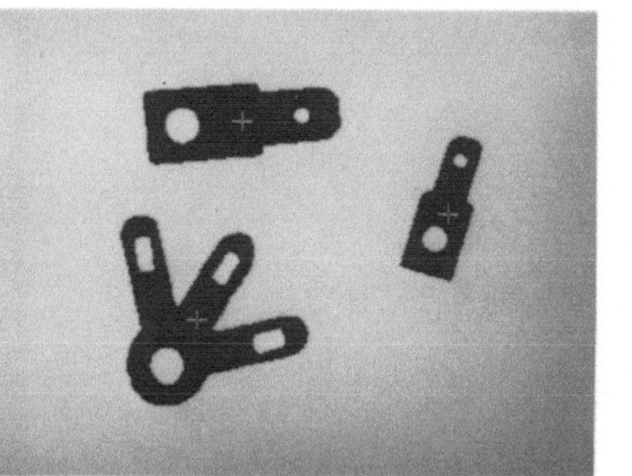

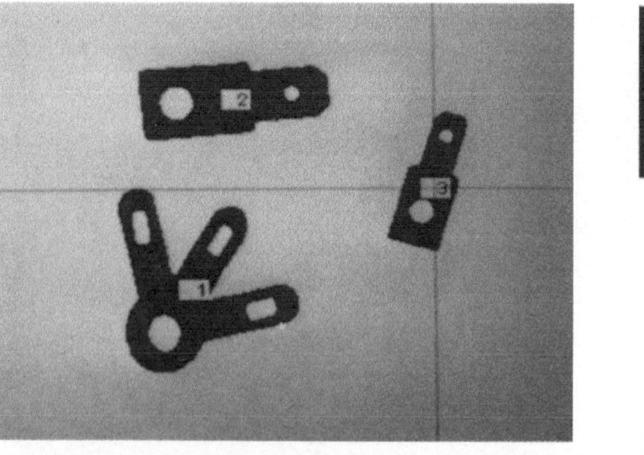

Screen C (Dialog):

```
      L = LERNEN     M = MESSEN    G = GRAFIK    Q = QUIT
\L
                DIGITALFENSTER SETZEN ?   J/M
\M
F = FADENKREUZ   A = AUSGABE DER LISTEN    T = TABELLE   Q = QUIT
\F
KLASSE    FLAECHE   KONTURL.   LOECHER    XS      YS     ZEILE
   1       3920       3963        4       108     167      3
F = FADENKREUZ   A = AUSGABE DER LISTEN    T = TABELLE   2 = QUIT
\F
                       SZEMENTABELLE
KLASSE    FLAECHE   KONTURL.   LOECHER    XS      YS     ZEILE
   2       2985       2110        2       131     64       1
F = FADENKREUZ   A = AUSGABE DER LISTEN    T = TABELLE   Q = QUIT
\F
KLASSE    FLAECHE   KONTURL.   LOECHER    XS      YS     ZEILE
   3       1529       1643        2       237     112      2
F = FADENKREUZ   A = AUSGABE DER LISTEN    T = TABELLE   Q = QUIT
\
```

Screen D (Liste der Klassen):

```
F = FADENKREUZ   A = AUSGABE DER LISTEN    T = TABELLE   Q = QUIT
\A
        KLASSE      FLIST      KLIST      LLIST
           1        3938       3969         4
           2        2985       2110         2
           3        1529       1643         2
F = FADENKREUZ   A = AUSGABE DER LISTEN    T = TABELLE   Q = QUIT
\
```

A – Binärbild   B – Fadenkreuz
C – Dialog   D – Liste der Klassen

Bild 3.2.3-3: Eingabe von Klassen mit dem Fadenkreuz

Der Ablauf beider Prozeduren ist in Bild 3.2.3-4 und Bild 3.2.3-5 dargestellt.

```
procedure        'PUT.TRAB'
   begin         do  GET.CHAR
                     if  CHAR = 'Q' then exit fi
                     XHAIR.SELECT.TRAB.
                     DIST.Pl.TRAB
                     DIR.Pl.TRAB
                     PUT.DIST.DIR
                     PUT.TRAB.FEATURES
                 od

   end
```

Bild 3.2.3-4: Prozedur für die Eingabe von Trabanten

```
procedure        'PUT.GRIP.POINT'
   begin         XHAIR.SELECT.GRIP.POINT
                 DIST.Pl.GRIP.POINT
                 DIR.Pl.GRIP.POINT
                 PUT.DIST.DIR

     end
```

Bild 3.2.3-5: Prozedur für die Eingabe des Greifpunktes

Mit diesen beiden Prozeduren sind die Lernprogramme leicht zu verstehen. In POLAR.CHECK.TEACH.IN wird zunächst eine Dominante ausgewählt. Deren Merkmale werden automatisch in das Modell eingetragen. Wenn die Dominante festliegt, wird sie mit der Maskierung von allen anderen Regionen isoliert, indem sie in den Bildspeicher 2 transferiert wird. Dort kann der Benützer bis zu vier verschiedene Radien für den Polarcheck vorgegeben. Die Radieneingabe ist sehr flexibel und erlaubt dem Benützer jede beliebige Änderung. Liegen die Kreise fest, so wird der Polarcheck durchgeführt, und die Winkelfolgen werden in das Modell eingetragen. Abschließend werden PUT.TRAB und PUT.GRIP.POINT aufgerufen und alle Trabanten und der Greifpunkt

eingegeben (vgl. Bild 3.2.3-6). In Bild 3.2.3-7 ist ein Beispiel für
ein Modell des Polarchecks mit Dominante und Trabanten gezeigt.

```
program          'POLAR.CHECK.TEACH.IN'
  begin          XHAIR.SELECT.DOM
                 PUT.DOM.FEATURES
                 MASK.DOM
                 PUT.RADII
                 CIRCLES
                 PUT.ANGLE.SEQUENCES
                 PUT.TRABS
                 PUT.GRIP.POINT
  end
```

Bild 3.2.3-6: Lernprogramm für den Polarcheck

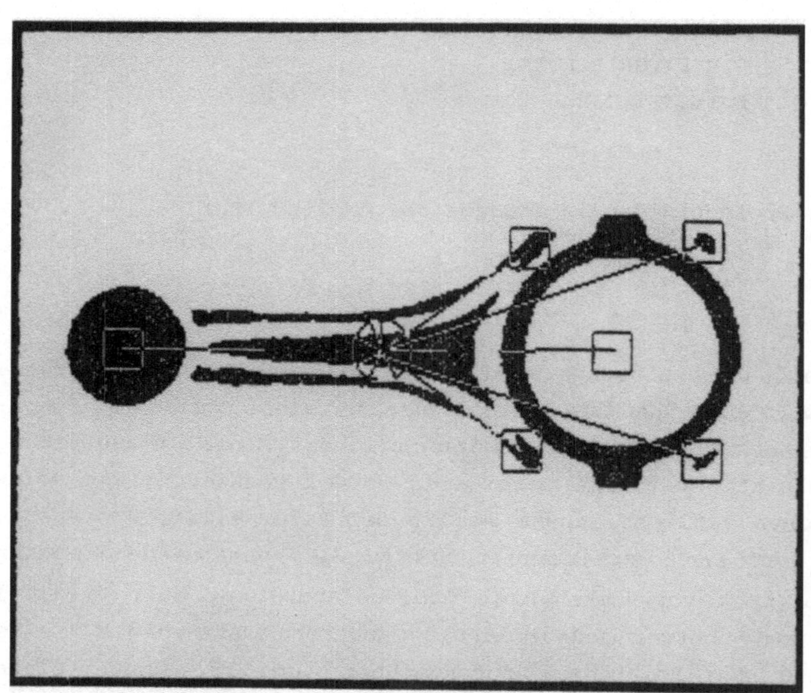

Bild 3.2.3-7: Modell eines Polarchecks mit Trabanten

Lernphase: Modell-gestützte Suche

Bei der Modell-gestützten Suche muß anstelle der Dominante eine Zugriffsregion ausgewählt werden. An die Stelle der Kreise tritt TRAB1, der erste Trabant. Bei der Eingabe der Zugriffsregion und des ersten Trabanten übergibt das System die Merkmale dieser Regionen an das Modell. Zusätzlich werden Abstand und Richtung zwischen diesen beiden Regionen berechnet und ebenfalls in das Modell eingetragen. Abschließend werden wieder die restlichen Trabanten und der Greifpunkt eingegeben. Bild 3.2.3-8 gibt die Ablaufstruktur des Lernprogrammes wieder; Bild 3.2.3-9 zeigt zwei Beispiele für relationale Modelle, die mit diesem Programm leicht eingegeben werden können.

Damit ist die Darstellung der S.A.M.-Software beendet. Die hier besprochenen Programme sollten nur als Beispiel aufgefaßt werden. Je nach Anwendungsfall ändern sich Details. Diese hängen außerdem auch von der Konfiguration ab, die verwendet wird. Konfigurationstypen werden im nächsten Abschnitt erörtert.

```
program      'MODEL.TEACH.IN'
  begin      GET.SCENE.TABLE
             XHAIR.SELECT.ACR
             PUT.ACR.FEATURES
             XHAIR.SELECT.TRAB1
             DIST.ACR.TRAB1
             DIR.ACR.TRAB1
             PUT.DIST.DIR
             PUT.TRAB1.FEATURES
             PUT.TRABS
             PUT.GRIP.POINT
  end
```

Bild 3.2.3-8: Lernprogramm für die Modell-gestützte Suche

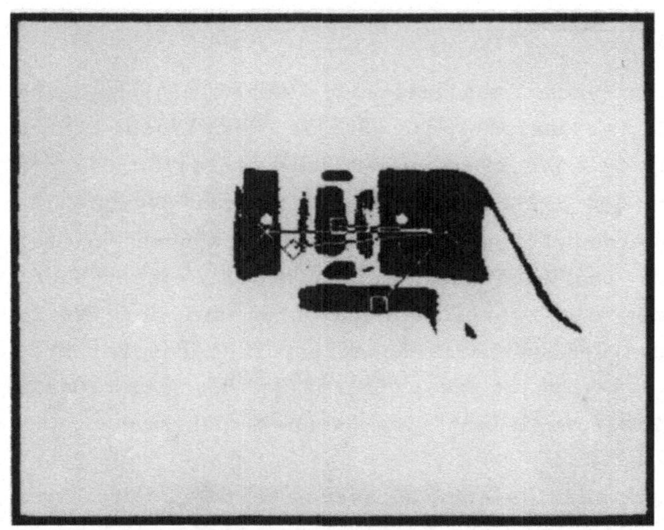

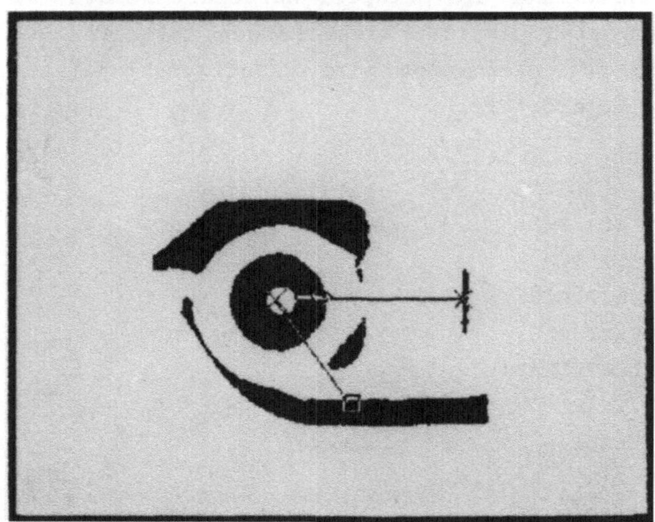

Bild 3.2.3.-9: Beispiel relationaler Modelle

3.3 S.A.M.-Konfigurationen

Die S.A.M.-Hardware wurde so entworfen, daß sie in verschiedene Konfigurationen zusammengestellt werden kann. Es können allerlei Konfigurationen eingesetzt werden. Hier sollen Grundtypen solcher Konfiguration besprochen werden. Erinnern wir uns noch einmal daran, daß S.A.M.-Hardware drei Gruppen von Moduln aufweist:

- Videoschaltungen
- Bildverarbeitungs- und Analyse-Prozessoren
- Datenprozessoren

Videoschaltungen müssen immer eingesetzt werden; hier hat man wenig Variationsmöglichkeiten. Zu diesen zählen: Man kann entweder die Kamera von der S.A.M.-Konfiguration aus synchronisieren oder umgekehrt. Es können gleichzeitig Bilder von zwei Kameras in zwei Bildspeicher eingelesen werden. Ansonsten gibt es wenig Variationen. In der Zukunft ist eine andere Schaltung für die Binarisierung mittels Schwellwertintervallen vorgesehen.

Die Fähigkeit zu konfigurieren beruht weitgehend auf der zweiten Schicht von Hardware-Moduln, den Bildspeichern, den Bildverarbeitungsmoduln und den Bildanalysemoduln. Es gibt vier Grundtypen von Konfigurationen:

"Software-Konfigurationen"

Diese bestehen im wesentlichen aus Bildspeichern und Datenprozessoren, die auf die Bildspeicher zugreifen. Hier wird die gesamte Analyse durch Software ausgeführt. Diese Konfigurationen sind die langsamsten; ihr Einsatz ist geraten, wenn viel Zeit für die Analyse zur Verfügung steht. Ihr Vorteil liegt in der Flexibilität und einem geringeren Preis, da der Hardwareaufwand vergleichsweise geringer als bei anderen Konfigurationen ist.

"Bildverarbeitungs-Konfigurationen"

Diese bestehen aus: zwei Bildspeichern, dem Bildfeldprozessor und Datenprozessoren. Durch den Einsatz der Bildspeicher ist damit gleichzeitig eine Software-Konfiguration gegeben. Die Aufgabe dieser Konfiguration besteht in der "Bildverarbeitung", nicht so sehr der Bildanalyse. In der Regel erstrebt man in der Bildverarbeitung eine Verbesserung der Eingabebilder. Dies wird durch die Operatoren des Bildfeldprozessors geleistet. Die Bildverarbeitung wird typischerweise im "Ping-Pong"-Betrieb zwischen den beiden Bildspeichern ablaufen. Beispiele für Operator-Folgen sind: Erosion - Erosion - Erosion - Dilatation - Dilatation; Konturlinie - Dilatation - Dilatation;

Dilatation - Dilatation - Erosion. Da jede Transformation nur 20 ms benötigt, erfordern Operator-Folgen bis zu 5 Operationen nur rund 100 ms.

"Echtzeit-Konfigurationen"

Diese bestehen aus den Bildanalyseprozessoren und den Datenprozessoren. Hier wird die Bildanalyse während der FS-Bildabtastung vorgenommen. Damit sind dies die schnellsten Konfigurationen. Nach der Bildabtastung werden die Daten in der Szenentabelle gesammelt und in weiteren Datenstrukturen organisiert. Die Erzeugung der Szenentabelle ist abhängig von der Komplexität des Bildes: Je mehr Regionen im Bild und je mehr Marken pro Region, desto länger dauert es, die Szenentabelle zu erstellen. Zeitmessungen für typische Bilder mit 4-5 Werkstücken, deren Silhouetten in mehrere Regionen zerfallen, zeigen, daß die Erzeugung von Szenentabellen zwischen 40 - 80 ms dauert; es gibt natürlich Bilder, in denen die Erzeugung der Szenentabelle mehrere 100 ms in Anspruch nehmen kann. In der Regel sind jedoch die Daten für die weitere Analyse nach rund 100 ms aufbereitet und organisiert.

"Kombinierte Konfigurationen"

Diese können aus Mischungen aller oben aufgeführten Konfigurationen bestehen. Sie stellen vermutlich den Standardfall dar, da sie am besten auf spezielle Anwendungsfälle angepaßt werden können.

In Bild 3.3-1 ist ein Beispiel für eine Konfiguration gegeben, die gewissermaßen den maximalen Ausbau einer S.A.M.-Konfiguration darstellt. In dieser Konfiguration sind alle Optionen möglich, die die S.A.M.-Hardware bietet. Insbesondere kann diese Konfiguration durchführen:

- Ping-Pong-Verarbeitung
- Echtzeit-Analyse
- Maskierung von Regionen.

Folgen wir dem Datenfluß in einer solchen maximalen Konfiguration. Zunächst wird ein Bild in Bildspeicher 1 eingelesen. Dann wird eine

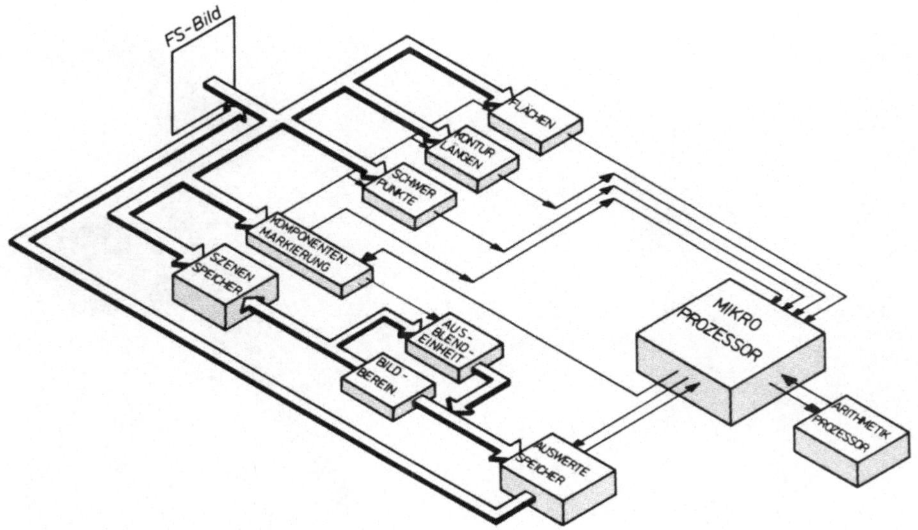

Bild 3.3-1: Datenfluß in einer "maximalen" Konfiguration

Ping-Pong-Verarbeitung zwischen Bildspeicher 1 und Bildspeicher 2 vorgenommen. Nachdem die Operator-Folge abgearbeitet ist, befindet sich das verarbeitete Bild in Bildspeicher 1. Von dort wird es wiederum auf den Videobus ausgegeben, diesmal aber gleichzeitig von den Bildanalyseprozessoren analysiert. Nach der Bildanalyse werden die Daten vom Mikro- und vom Arithmetik-Prozessor gesammelt und sortiert. Aus der Szenentabelle werden Regionen ausgewählt, an denen man eine weitere Software-Analyse vornehmen möchte. Hierzu werden die Marken dieser Regionen im Modul der Komponentenmarkierung gesetzt, und es wird eine Maskierung der Regionen vorgenommen. Dabei wird das Bild wieder von einem Bildspeicher in den anderen übertragen. Auch hier ist das System so ausgelegt, daß die Maskierung stets von Bildspeicher 1 nach Bildspeicher 2 erfolgt. Das Ergebnis einer solchen Maskierung ist in Bild 3.3-2 dargestellt. Es ist offensichtlich, daß das resultierende Bild leichter weiter verarbeitet werden kann als das Ausgangsbild.

Mit einer solchen maximalen Konfiguration kann die Auswertung von komplexen Bildern in weniger als 500 ms durchgeführt werden. Als Beispiel sei hier die Modell-gestützte Suche genannt; bei Einsatz einer maximalen Konfiguration dauert die Werkstückerkennung ca. 150 ms für die Erkennung des ersten Werkstückes aus dem Bild. Dies liegt

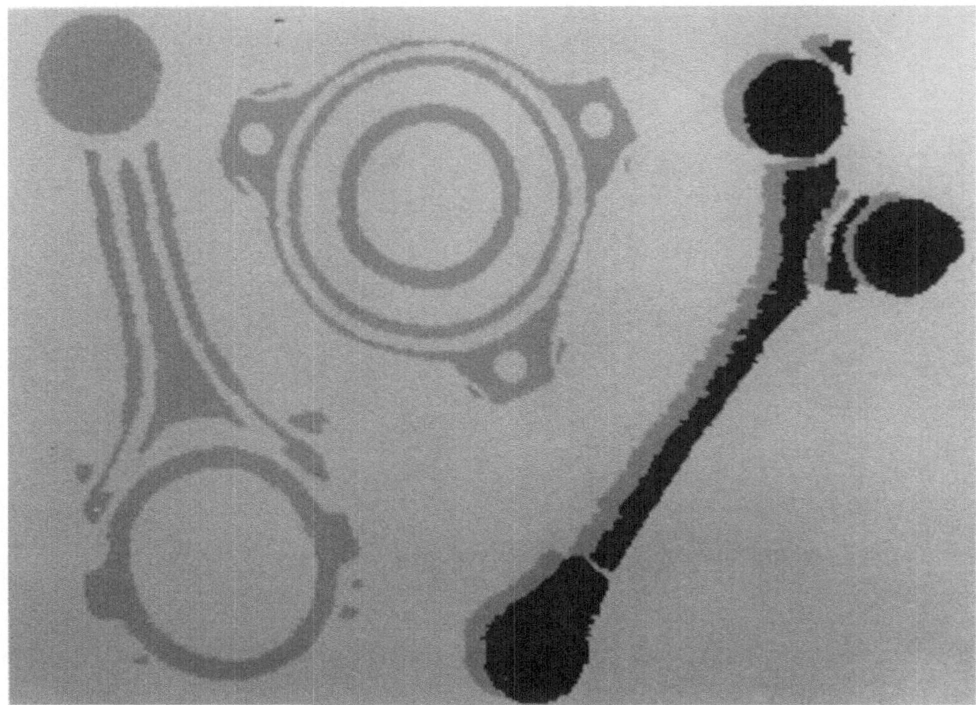

Bild 3.3-2: Maskierung von Regionen (grau kodierte Regionen sind im
Bildspeicher 1; schwarze im Bildspeicher 2)

daran, daß die meiste Zeit für die Sammlung und Organisation der
Daten gebraucht wird. Alle weiteren Werkstücke im Bild werden in
jeweils weniger als 50 ms erkannt. Die Gesamtdauer einer Analyse
eines Bildes mit 3-5 Silhouetten von Werkstücken, die zerfallen,
beträgt somit weniger als 500 ms.

3.4 Einsatz einer S.A.M.-Konfiguration mit einem Roboter

Der Griff auf ein fließendes Förderband ist ein Anwendungsbeispiel,
an dem die Leistungsfähigkeit von S.A.M.-Konfigurationen gezeigt
werden kann. Dieser Anwendungsfall hat ein weites Interesse gefunden. Erste Lösungen litten darunter, daß das Band bei Durchgang
eines Werkstückes unter der Kamera angehalten werden mußte. Dies war
zum einen für die Bilderkennung notwendig, zum anderen erforderte
die Steuerung des Industrieroboters diesen Stop. Die direkte Folge

dieses Anhaltens war ein geringer Durchsatz, der diese Lösung für die Praxis ungeeignet machte.

Dieser Anwendungsfall wurde als ein praktisches Beispiel gewählt, bei dem die hohe Verarbeitungsgeschwindigkeit von S.A.M. voll zum Tragen kommt. Bei einem Bildfeld von 30 cm Länge und einer Bandgeschwindigkeit von 30 cm/s muß eine Bildanalyse in weniger als 500 ms abgeschlossen sein, damit die Werkstücke mindestens einmal erfaßt werden, wenn sie durch das Bildfeld fahren.

Zur Vermeidung von Bewegungsunschärfe muß die Bildaufnahme in einer sehr kurzen Zeit erfolgen. Beim Einsatz von FS-Kameras wird hierzu die Blitzlichtbeleuchtung angewandt. Für unser Anwendungsbeispiel haben wir einen Infrarotblitz entwickelt, der folgende Vorteile aufweist:

1) Der Spektralbereich des emittierten und des reflektierten Lichtes ist auf die Empfindlichkeit der Kamera abgestimmt, da diese mit einem Silikon-Target ausgerüstet ist.
2) Das reflektierte Licht kann schmalbandig ausgefiltert werden, so daß das umgebende Tageslicht keinen Einfluß hat.
3) Das Licht ist für den Menschen nicht sichtbar, so daß keine Störungen an benachbarten Arbeitsplätzen auftreten.

Bild 3.4-1 und Bild 3.4-2 zeigen den Gesamtaufbau mit Industrieroboter, Förderband und S.A.M.-Sensor. Der Aufbau besteht aus:

- Förderband mit Wegmessung;
- Blitzlicht;
- Kamera und S.A.M.-Konfiguration;
- Robotrechner und Industrieroboter;
- Palette.

Details über den Industrieroboter und das Konzept seiner Regelung können in /Steusloff '80/ gefunden werden. Ursprünglich handelt es sich bei dem verwendeten Industrieroboter um einen VW-R-30. Dieser wurde jedoch am IITB weitgehend für experimentelle Zwecke umgebaut. Eines der Ziele dieses Umbaues war die Erprobung eines neuen Regelungskonzeptes, das höhere Arbeitsgeschwindigkeiten als bisher zuläßt.

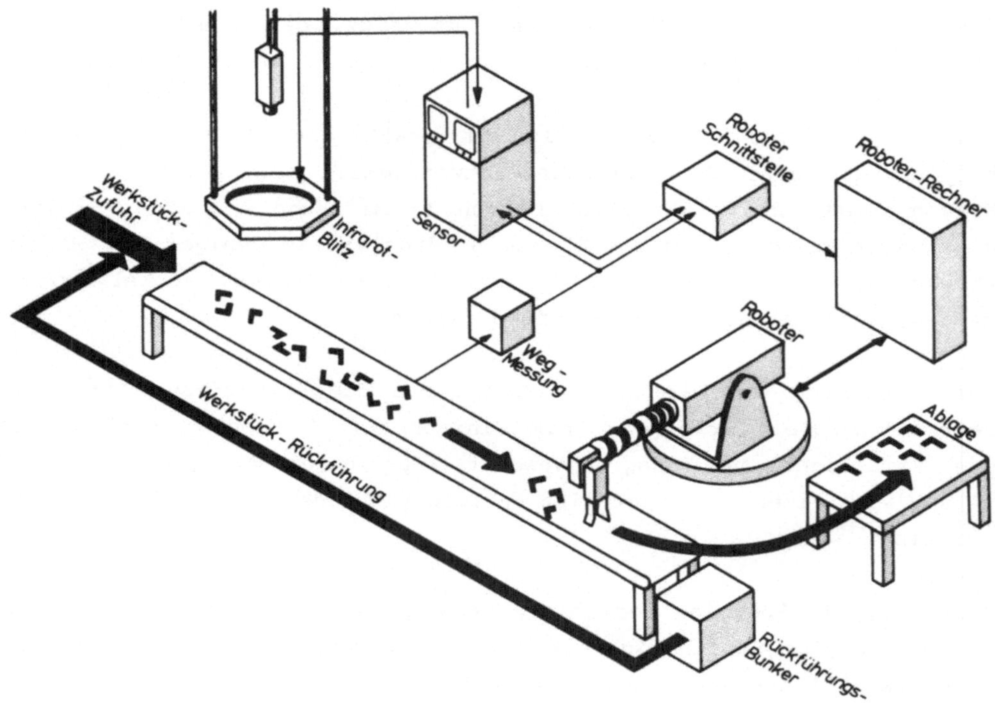

Bild 3.4-1: Schema des Demonstrationsaufbaues

Bild 3.4-2: Bild des Demonstrationsaufbaus

Der Vortrieb des Förderbandes wird simultan von der S.A.M.-Konfigura-
tion und dem Robotrechner beobachtet. Hierfür wurde das Förderband
mit einem Wegmesser ausgerüstet, dessen Ergebnis digital an beide
Geräte übertragen wird.

Der Bildsensor und der Roboter sind durch ein Roboter-Interface
miteinander verbunden (vgl. Abschnitt 3.1). Die Aufgabe, die beide
zusammen lösen müssen, besteht darin, Werkstücke von einem fließenden Förderband zu greifen und auf einer Palette abzulegen. Es wird
dabei zugelassen, daß die Werkstücke in beliebiger Lage auf dem
Förderband liegen. Die einzige Einschränkung besteht darin, daß die
Werkstücke sich nicht überlappen sollten.

Bild 3.4-3 zeigt ein Beispiel einer typischen Szene, die durch die
eingesetzte (maximale) S.A.M.-Konfiguration in weniger als 300 ms
analysiert werden kann. Es muß hier vermerkt werden, daß heutige
Industrieroboter nicht schnell genug sind, um bei hohen Bandgeschwin-
digkeiten so dicht gepackte Förderbänder zu leeren. (Die Erhöhung
der Geschwindigkeit des Roboters ist eines der Ziele der Arbeiten am
IITB). Deshalb ist das Band bei den aktuellen Greifexperimenten
weniger dicht mit Werkstücken bedeckt und es läuft langsamer (12
cm/s).

Bei den Handhabungsexperimenten löst der Bildsensor zunächst dauernd
einen Blitz aus und untersucht das Bild auf das Erscheinen von
Regionen. Sobald eine Region ins Bildfeld rückt, ändert der Sensor
sein Verhalten und versucht, ein Werkstück zu erkennen. Da für die

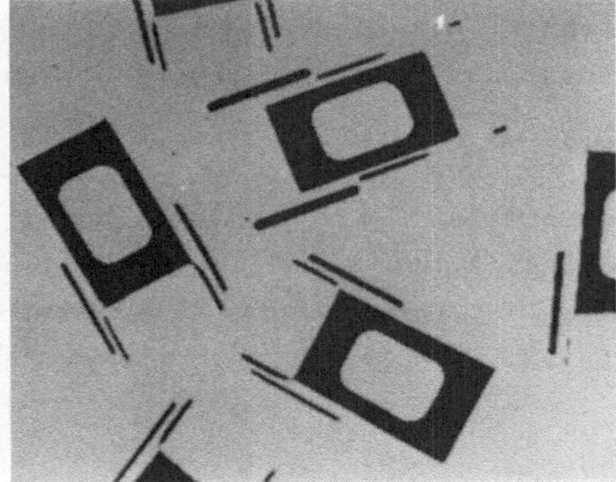

Bild 3.4-3: Werkstücke auf einem Förderband

Erkennung eines Werkstückes dessen Silhouette (mit allen Regionen) im Bildfeld sein muß, dauert es etwa 1 - 2 Bilder, bevor die Erkennung zum Erfolg führt. Jedesmal wenn ein Blitz ausgelöst wird, wird an den Robotrechner ein Interruptsignal geschickt. Der Robotrechner mißt dann den Weg, den das Förderband seit dem Erhalt des Interruptes zurücklegt. Sobald die Bildanalyse abgeschlossen ist, werden die Ergebnisse in Millimeter umgerechnet (Bezug zum Arbeitsplatz) und an den Robotrechner übergeben. Diese Ergebnisse enthalten: die Lageklasse eines Werkstückes, die Position seines Greifpunktes und seine Drehlage.

Bei der Bildanalyse ist zu beachten, daß ein und dasselbe Werkstück im nächsten Bild noch einmal auftauchen könnte. Es würde dann im Bild weiter unten erscheinen, aber eventuell ein zweites Mal ausgewertet und an den Robotrechner übergeben werden. Falls dieses Werkstück bereits vom Band gegriffen wurde, würde der Roboter beim nächsten Mal ins Leere greifen (und Zeit verlieren). Es reicht deshalb nicht aus, Einzelbilder zu analysieren. Statt dessen muß eine "Bandbeschreibung" erstellt werden. Aus dieser muß hervorgehen, wo und wie die Werkstücke liegen, aber auch, welche der Werkstücke bereits an den Robotrechner übergeben wurden. Deshalb überwacht auch der Bildsensor die Bewegung des Förderbandes mit Hilfe der Wegmessung. Während ein neues Bild eingelesen wird, werden die Y-Koordinaten der Objekte in der Bandbeschreibung auf den neuesten Stand gebracht. Nach der Analyse des neuen Bildes vergleicht man als erstes die Koordinaten der Werkstücke aus dem Bild mit denen der Bandbeschreibung. Liegen diese Koordinaten zu dicht beisammen, so weiß man, daß das betreffende Werkstück bereits erkannt und weitergegeben wurde. In diesem Fall unterbleibt die Übergabe an den Robotrechner. Auf diese Weise wird die Information über ein Werkstück nur einmal an den Robotrechner übergeben.

Die Ergebnisse, die der Bildsensor übergibt, sind in kartesischen Koordinaten; diese müssen erst in Gelenkkoordinaten umgerechnet werden, bevor der Roboter greifen kann. In unserem Aufbau übernimmt dies der Robotrechner. Für weitere Einzelheiten siehe /Steusloff '80/.

3.5 Zusammenfassung

Ein Prototyp einer S.A.M.-Konfiguration (die maximale Version) arbeitet seit 1979 in einem experimentellen Aufbau und hat sich als sehr zuverlässig erwiesen. In der Zwischenzeit wurden mehr als ein halbes Dutzend Geräte gebaut, und zur Zeit des Schreibens liegen die ersten industriell gefertigten Geräte vor.

Wir planen für die Zukunft, noch weitere Hardware zu entwickeln; insbesondere erscheint ein Bildanalyseprozessor für die Berechnung der Momente erstrebenswert.

Es wird oft argumentiert, daß Binärbilder zu einfach sind, um für die effiziente Erkennung von komplexen Werkstücken eingesetzt zu werden. Ich teile diese Meinung nicht. Ein gut Teil der Skepsis gegenüber Binärbildern scheint daher zu rühren, daß sie nicht so aussehen, wie wir Menschen die Welt sehen. Bei technischen Lösungen ist dies kein Problem; im Gegenteil, oft sind technische Lösungen nicht analog zu den natürlichen Lösungen ("Flugzeuge schlagen nicht mit den Flügeln"). Solange Binärbilder reproduzierbar erzeugt werden können - und solange sie relevante Information enthalten ! - , eignen sie sich für praktische Anwendungen.

Literaturverzeichnis

Abbraham, R.G.
Stewart, R.J.S.
Shum, L.Y.

"State-Of-The-Art in Adaptable-Programmable Assembly Systems". International Fluidics Services Ltd. (Publ.), Kempston, Bedford, UK, 1977.

Agin, G.J.

"An Experimental Vision System for Industrial Applications". Stanford Res. Lab., Techn. Note 103, Menlo Park, CA, USA, June 1975.

Agin, G.J.
Duda, R.O.

"SRI Vision Research for Advanced Industrial Automation". Proc. USA-Japan Computer Conference, Tokyo, August 1975.

Agin, G.J.

"An Experimental Vision System for Industrial Application". Proc. 5th Int. Symp. on Industrial Robots, Chicago, Ill., September 1975.

Agin, G.J.
(A)

"Vision Systems for Inspection and for Manipulator Control". Proc. of the 1977 Joint Automatic Control Conference, pp. 132-138.

Agin, G.J.
(B)

"Servoing With Visual Feedback". Proc. 7th Int. Symp. on Industrial Robots, Tokyo, October 1977, pp. 551-560.

Agin, G.   "Real Time Control of a Robot with a Mobile Camera".
Proc. 9th Int. Symp. on Industrial Robots, Washington D.C., March 1979, pp. 233-246.

Agrawala, A.K.
Kulkarni, A.V.   "A Sequential Apoproach to the Extraction of Shape Features".
Computer Graphics and Image Processing $\underline{6}$ (1977), pp. 538-557.

Albrecht, M.
Hille, G.
Karow, P.
Schöne, H.
Weber, J.   "Teileprüfung im Automobilbau mittels Fernsehkamera und Prozeßrechner".
Proc. INTERKAMA 1977, Syrbe, M. & Will, B. (Eds.), Fachberichte Messen-Steuern-Regeln 1, Springer-Verlag 1977, pp. 107-117.

Allen, G.R.
Juetten, P.G.   "SPARC - Symbolic Processing Algorithm Research Computer".
Proc. 'Image Understanding Workshop', Nov. 78, pp. 182-190.

Armbruster, K.
Martini, P.
Nehr, G.
Rembold, U.
Ülzmann, W.   "A Very Fast Vision System for Recognizing Parts and their Location and Orientation".
Proc. 9th Int. Symp. on Industrial Robots, Washington D.C., March 1979, pp. 265-280.

Ashkar, G.P.
Modestino, J.W.   "The Contour Extraction Problem with Biomedical Applications".
Computer Graphics & Image Processing $\underline{7}$ (1978), pp. 331-355.

Baird, M.L.
(A)   "An Application of Computer Vision to Automated IC Chip Manufacture".
Proc. 3rd Int. Joint Conf. on Pattern Recognition, Coronado, CA. November 1976, pp. 3-7.

Baird, M.L.
(B)

"Sequential Image Enhancement Technique for Locating Automotive Parts on Conveyor Belts".
General Motors Res. Lab. Publ. GMR-2293, CS Dept., Warren, MI, USA, Nov. 1976.

Baird, M.L.

"Image Segmentation Technique for Locating Automotive Parts on Belt Conveyors".
Proc. Int. Joint Conf. on Artificial Intelligence, Tokyo, Japan, Aug. 1977, pp. 694-695.

Baird, M.L.

"SIGHT-I: A Computer Vision System for Automated IC Chip Manufacture".
IEEE Trans. Systems, Man & Cybernetics SMC-8 (1978) 2, pp. 133-139.

Barrow, H.G.
Ambler, A.P.
Burstall, R.M.

"Some Techniques for Recognizing Structures in Pictures".
in: S. Watanabe (Ed.), 'Frontiers of Pattern Recognition', Academic Press, N.Y., 1971, pp. 1-32.

Barrow, H.G.
Popplestone, R.J.

"Relational Descriptions in Picture Processing".
in: B. Meltzer & Michie, D. (Eds.): 'Machine Intelligence 6', University Press, Edinburgh, 1971, pp. 377-396.

Batchelor, B.G.
(A)

"A Preliminary Note on the Automatic Inspection of Male Screw Threads".
Proc. 3rd Int. Conf. on Automated Inspection and Product Control, Nottingham, UK, April 1978, pp. 139-176.

Batchelor, B.G.
(B)

"SUSIE": A Prototyping System for Automatic Visual Inspection".
4th Int. Conf. on Automated Inspection and Product, Chicago, Ill, November 1978, pp. 49-80.

Birk, J.
Kelley, R.B.
et.al.

"Orientation of Workpieces by Robots Using the Triangle Method".
SME Tech Paper MR 76-612
Univ. Rhode Island, EE Dept.
Kingston, RI, USA, 1976.

Birk, J.
Kelley, R.
Chen, N.
(A)

"Visually Estimating Workpiece Pose in a Robot Hand Using the Feature Points Method". Proc. IEEE Conf. on Decision & Control, San Diego, CA, January 1979, pp. A1-1-A1-6.

Birk, J.
Kelley, R.
et.al.
(B)

"General Methods to Enable Robots with Vision to Acquire, Orient, and Transport Workpieces".
5th report, EE Dept., Univ. of Rhode Island, Kingston, RI, USA, Aug. 1979.

Birk, J.
Kelley, R.
et.al.

"General Methods to Enable Robots with Vision to Acquire, Orient and Transport Workpieces". 6th report EE Dept., Univ. of Rhode Island, Kingston, RI, USA, Aug. 1980.

Bjorklund, C.M.

"Syntactic Analysis & Description of Stroke-Based Shapes".
Proc. IEEE Conf. Pattern Recognition and Image Processing, Troy, NY, USA, June 1977, pp. 198 - 202.

Bolles, R.C.
(A)

"Robust Feature Matching through Maximal Cliques".
SPIE Vol. 182 'Imaging Applications for Automated Industrial Inspection & Assembly; Washington,D.C., USA, April 1979, pp. 140-149.

Bolles, R.C.
(B)

"Part Acquisition Using the SRI Vision Module".
Proc. 3rd IEEE Computer Software & Applications Conference COMPSAC-79, Chicago, Ill., November 79, pp. 872-877.

Bretschi, J.

"A Microprocessor Controlled Visual Sensor for Industrial Robots".
The Industrial Robot $\underline{3}$ (1976) 4, pp. 167-172.

Bretschi, J.

"Intelligente Meßsysteme zur Automatisierung technischer Prozesse".
Oldenbourg, München, 1979.

Brook, R.A.
Purll,D.J.
Jones, G.H.
Lewis, D.O.

"Practical Experience of Image Processing in On-Line Industrial Inspection Applications".
SPIE Proc. Vol. 130, Automation and Inspection Applications of Image Processing Techniques, London, Sept. 1977, pp. 84-97.

Burow, M.
Wahl. F.

"Eine verbesserte Version des Kantendetektionsverfahrens nach Mero/Vassy".
'Angewandte Szenenanalyse', J.P. Foith (Ed.), Informatik-Fachbericht 20, Springer-Verlag, Heidelberg, 1979, pp. 36-42.

Callen, J.E.
Anderson, P.N.

"Checking Labeled Bottles Electro-Optically".
Electro-Optical Systems Designs, July 1975, pp. 44-46.

Claridge, J.F.
Purll, D.J.

"Automatic Inspection & Gauging Using Solid-Sate Image Scanners".
3rd Int. Conf. on Automated Inspection and Product Control, Nottingham, UK, April 1978, pp. 31-41.

Colding, B.
Colwell, L.V.
Smith, D.N.

"Delphi Forecasts of Manufacturing Technology".
International Fluidics Services (Publ.) Kempston, Bedford, UK, 1979.

Cronshaw, A.J.
Heginbotham, W.B.
Pugh, A.

"Software Techniques for an Optically Tooled Bowl Feeder".
3rd Int. Conf. on Trends in On-Line Computer Control Systems, Univ. of Sheffield, UK, March 1979, pp. 145-150.

Cronshaw, A.J.
Heginbotham, W.B.
Pugh, A.

"A Practical Vision System For Use With Bowl Feeders".
Proc. 1st Int. Conf. on Assembly Automation, Brighton, UK, March 1980, pp. 265-274.

Davis, L.S.

"A Survey of Edge Detection Techniques".
Computer Graphics and Image Processing $\underline{4}$ (1975), pp. 248-270.

De Coulon, D.
Kammenos, P.

"Polar Coding of Planar Objects in Industrial Robot Vision".
Neue Technik (NT) (1977) 10, pp. 663-671.

Dessimoz, J.-D.

"Identification et Localisation Visuelle D'Objets Multiples Par Poursuite de Contour et Codage de Courbure".
Compte-Rendus Journees de Microtechnique, EPF-Lausanne, Suisse, Sept. 1978.

Dessimoz, J.D.
Kunt, M.
Zurcher, J.M.
Granlund, G.H.

"Recognition and Handling of Overlapping Industrial Parts".
Proc. 9th Int. Symp. on Industrial Robots, Washington D.C., USA, March 1979, pp. 357-366.

Dodd, G.G.
Rossol, L.

"Computer Vision and Sensor-Based Robots".
Plenum Press, New York, 1979.

Duda, R.
Hart, P.

"Pattern Classification & Scene Analysis".
John Wiley & Sons, N.Y., 1973.

Duff, M.J.B.

"CLIP 4 - A large Scale Integrated Circuit Array Parallel Processor".
Proc. Int. Joint Conf. Pattern Recognition, Coronado, CA. USA, Nov. 1976, pp. 728-733.

Ehrich, R.W.

"Detection of Global Edges in Textured Images".
IEEE. Trans. Comp. C-26 (1977) 6, pp. 289-603.

Ehrich, R.W.
Foith, J.P.

"A View of Texture Topology and Texture Description".
Comp. Graphics & Image Processing $\underline{7}$ (1978) No. 8, pp. 174-202.

Ejiri, M.
Uno, T.
Mese, M.
Ikeda, S.

"A Process for Detecting Defects in Complicated Patterns".
Computer Graphics and Image Processing $\underline{2}$ (1973) 2, pp. 326-339.

Enderle, E.

"Ein Baukastensystem für Bildsensoren zur Sichtprüfung und Prozeß-
steuerung".
PDV-Bericht "INTERKAMA '80", W. Hof-
mann, (Ed.), Kernforschungszentrum
Karlsruhe, August 1980, KfK-PDV,
pp. 358-365.

Enderle, E.

"Automatische Analyse von Binärbildern aufgrund relationaler Modelle".
Tagungsband 4. DAGM-Symposium, Ham-
burg, Informatik-Fachbericht, Springer, Berlin 1981, pp. 55-60.

Eskenazi, R.
Wilf, J.

"Low Level Processing for Real-Time
Image Analysis".
Proc. IEEE Comp. Soc. 3rd Int.
Comp.- Software & Applications Con-
ference (COMPSAC '79), Nov. 79, Chi-
cago, Ill, USA, pp. 340-343.

Eversole, W.L
Mayer, D.J.
Frazee, F.B.
Cheek, Jr.J.F

"Investigation of VLSI Technologies
for Image Processing".
Proc. 'Image Understanding Workshop', Palo Alto, CA, USA, April
1979, pp. 159-163.

Feng, H.F.
Pavlidis, T.

"Decomposition of Polygons into
Simpler Components: Feature Genera-
tion for Syntactic Pattern Recognition".
IEEE Trans. Comp. C-24 (1975) 6,
pp. 636-650.

Flöscher, R.
Partmann, T.

"Sensorsystem zum automatischen Aus-
sortieren fehlerhafter Kleinteile".
Mitteilungen aus dem Fraunhofer-Institut für Informations- und Datenverarbeitung (IITB), FhG-Berichte 2-80,
Karlsruhe 1980, pp. 23-25.

Foith, J.P.

"Lage-Erkennung von beliebig orientierten Werkstücken aus der Form ihrer Silhouetten".
Proc. 8th Int.Symposium on Industrial Robots, Böblingen, W.-Germany, May/June 1978, pp. 584-599.

Foith, J.P.
Geisselmann, H.
Lübbert, U.
Ringshauser, H.

"A Modular System for Digital Imaging Sensors for Industrial Vision".
Proc. 3rd CISM°IFToMM Symposium in Theory and Practice of Robots and Manipulators, Udine, Italy, Sept. 1978, (Elsevier, Amsterdam, 1980, pp. 399-422).

Foith, J.P.

"A TV-Sensor for Top-Lighting and Multiple Part Analysis".
Proc. 2nd IFAC/IFIP Symposium on Information Control Problems in Manufacturing Technology, Stuttgart, Oct. 1979, U. REMBOLD (Ed.), Pergamon Press, Oxford, 1979, pp. 229-234.

Foith, J.P.
Eisenbarth, C.
Enderle, E.
Geisselmann, H.
Zimmermann, G.

"Optischer Sensor für Erkennung von Werkstücken auf dem laufenden Band - realisiert mit einem modularen System".
in: H. Steusloff (Ed.): "Wege zu sehr fortgeschrittenen Handhabungssystemen", Messen - Steuern - Regeln, Band 4, Springer-Verlag, Berlin 1980, pp. 135-155.

Foith, J.P.
Eisenbarth, C.
Enderle, E.
Geisselmann, H.
Ringshauser, H.
Zimmermann, G.

"Real-Time Processing of Binary Images for Industrial Applications".
in: L. Bolc & Z. Kulpa (Hrsg.): "Digital Image Processing", Springer-Verlag, Lecture Notes in Computer Science, Berlin, 1981, pp. 61-168.

Foith, J.P.   "Robotics Research: From Toy Worlds
                     to Industrial Applications".
                     Proc. of German Workshop on Artifi-
                     cial Intelligence, Bad Honnef, Januar
                     1981, Springer-Verlag, Berlin, 1981,
                     pp. 30-49.

Foith, J.P.   "Digitale Bildverarbeitung und Szenen-
                     analyse".
                     Springer-Verlag, Berlin, 1982.

Frei, W.   "Fast Boundary Detection: A Generali-
Chen, Ch.-Ch.   zation and A New Algorithm".
                     IEEE Trans. on Comp. C-26 (1977) 10,
                     pp. 988-998.

Fries, R.W.   "An Empirical Study of Selected Ap-
Modestino, J.W.   proaches to the Detection of Edges in
                     Noisy Digitized Images".
                     Proc. IEEE Conf. on Patt. Rec. & Image
                     Processing, Troy, N.Y. USA, June
                     1977, pp. 225-230.

Geisselmann, H.   "Griff in die Kiste durch Vereinze-
                     lung und optische Erkennung".
                     In: H. Steusloff (Ed.): 'Wege zu sehr
                     fortgeschrittenen Handhabungssyste-
                     men', Fachberichte Messen-Steuern-Re-
                     geln Band 4, Springer-Verlag, Berlin
                     1980, pp. 156-165.

Geisselmann, H.   "FS-Sensoren zum Positionieren und
                     zur Sichtprüfung".
                     Dissertation, Uni Stuttgart, 1981.

Giralt, G.   "Object Identification and Sorting
Ghallab, M.   with an Optimal Sequential Pattern Re-
Stuck, F.   cognition Method".
                     Proc. 9th Int. Symp. on Industrial Ro-
                     bots, Washington, D.C., USA, March
                     1979, pp. 379 - 389.

Gleason, G.J.
Agin, G.J.

"A Modular Vision System for Sensor-Controlled Manipulation and Inspection".
Proc. 9th Int. Symp. on Industrial Robots Washington D.C., March 1979, pp. 57-70.

Goto, N.
Kondo, T.
Ichikawa, K.
Kanemoto, M.

"An Automatic Inspection System for Mask Patterns".
Proc. 4th Int. Joint Conf. on Pattern Recognition, Kyoto, 1978, pp. 970-974.

Haralick, R.M.
Shapiro, L.G.

"Decomposition of Polygonal Shapes by Clustering".
Proc. IEEE Conf. Pattern Recognition and Image Processing '77, Troy, N.Y., USA, June 1977, pp. 183-190.

Hasegawa, K.
Masuda, R.

"On Visual Signal Processing for Industrial Robot".
Proc. 7th Int. Symposium on Industrial Robots, Tokyo, Japan, Oct. 1977, pp. 543-550.

Heginbotham, W.B.
et.al.

"The Nottingham 'Sirch' Assembly Robot".
Proc. 1st Conf. on Industrial Robots Nottingham, UK; 1973, pp. 129-142.

Hill, J.W.
Sword, A.J.

"Programmable Part Presenter Based on Computer Vision and Controlled Tumbling".
Proc. 10th Int. Symp. on Industrial Robots, Milan, Italy, March 1980, pp. 129-140.

Holland, S.W.

"A Programmable Computer Vision System Based on Spatial Relationships".
General Motors Res. Lab. Publication GMR-2078 CS Dept., Warren, MI, USA, Feb. 1976.

Holland, S.W.
Rossol, L.
Ward, M.R.

"CONSIGHT-I: A Vision Controlled Robot System for Transferring Parts from Belt Conveyors".
in: 'Computer Vision and Sensor-Based Robots', G.G. Dodd & L. Rossol (Eds), Plenum Press, N.Y., 1979, pp. 81-97.

Hopgood, F.R.A.

"Compilerbau".
Carl-Hanser, München, 1970.

Hsieh, Y.Y.
Fu, K.S.

"A Method for Automatic IC Chip Alignment and Wire Bonding".
Proc. IEEE Conf. on Pattern Recognition and Image Processing, Chicago Ill., August 1979, pp. 101-108.

Hueckel, M.H.

"An Operator which Locates Edges in Digitized Pictures".
Journal of the ACM 18 (1971) 1, pp. 113-125.

Iannino, A.
Shapiro, S.D.

"A Survey of the Hough Transform and its Extensions for Curve Detection".
Proc. IEEE Conf. on Patt. Rec. & Image Processing, Chicago, Ill, June 1978, pp. 32-38.

Jarvis, J.F.
(A)

"A Method for Automating the Visual Inspection of Printed Wiring Boards".
IEEE Trans. Pami-2 (1980) 1, pp. 77-82.

Jarvis, J.F.
(B)

"Visual Inspection Automation".
IEEE Computer May 1980, pp. 32-38.

Kamin, G.

"Der Geometrie Computer".
rme 40 (1974) 3, pp. 105-109.

Karg, R.

"A Flexible Opto-Electronic Sensor".
Proc. 8th Int. Symp. on Industrial Robots, Stuttgart, W.-Germany, May/June 1978, pp. 218-29.

Karg, R.
Lanz, O.E.

"Experimental Results with a Versatile Optoelectronic Sensor in Industrial Applications".
Proc. 9th Int. Symp. on Industrial Robots Washington D.C., March 1979, pp. 247-264.

Kashioka, S.
Ejiri, M.
Sakamoto, Y.

"A Transistor Wire-Bonding System Utilizing Multiple Local Pattern Matching Techniques".
IEEE Trans. on System, Man, and Cybernetics SMC-6 (1976) 8, pp. 562-570.

Kashioka, S.
Takeda, S.
Shima, Y.
Uno, T.
Hamada, T.

"An Approach to the Integrated Intelligent Robot with Multiple Sensory Feedback: Visual Recognition Techniques".
Proc. of 7th Int. Symp. on Industrial Robots, Tokyo, October 1977, pp. 531-538.

Kelley, R.B.
Birk, J.
Wilson, L.

"Algorithms to Visually Acquire Workpieces".
Proc. 7th Int. Symp. on Industrial Robots, Tokyo, Japan, Oct. 1977, pp. 497-506.

Kelley, R.B.
Birk, J.
Martins, H.
Tella, R.

"A Robot System which Feeds Workpieces Directly from Bins into Machines".
Proc. 9th Int. Symp. on Industrial Robots, Washington D.C., March 1979, pp. 339-355.

Korn, A.

"Segmentierung und Erkennung eines Objektes in natürlicher Umgebung".
In: E. Triendl. (Ed.): 'Bildverarbeitung und Mustererkennung', DAGM-Symposium Oct. 78, Informatik-Fachberichte Band 17, Springer-Verlag, Berlin, 1978, pp. 265-274.

Kruse, B.

"A Parallel Picture Processing Machine".
IEEE Trans. Comp. C-22 (1973) 12, pp. 1075-1087.

Levialdi, S.

"Finding the Edge".
Proc. NATO Advanced Study Institute on Digital Image Processing and Analysis, June 23 - July 4, 1980, Bonas, France, publ. by INRIA, Le Chesnay, pp. 167-208.

Löffler, H.
Jäger, J.

"Meßverfahren der Bildanalyse zur Fertigungskontrolle feinmechanischer Präzisionsteile oder elektronischer Bauelemente".
mesen + prüfen/automatik, Oct. 79, pp. 755-758.

Martelli, A.

"Edge Detection Using Heuristic Search Methods".
Computer Graphics & Image Processing $\underline{1}$ (1972), pp. 169-182.

Martini, P.
Nehr, G.

"Recognition of Angular Orientation of Objects with the Help of Optical Sensors".
The Industrial Robot (1979) June, pp. 62-69.

McGhie, D.
Hill, J.W.

"Vision Controlled Subassembly Station".
Society of Manufacturing Engineers (SME) Paper No. MS78-685, 1978.

McKee, J.W.
Aggarwal, J.K.

"Computer Recognition of Partial Views of Curved Objects".
IEEE Trans. Comp. C-26 (19-7) 8, pp. 790-800.

Mero, L.
Vassy, Z.

"A Simplified and Fast Version of the Huekel Operator for Finding Optimal Edges in Pictures".
Proc. IJCAI '75, Tbilisi, USSR, 1975.

Milgram, D.L.
(A)

"Region Extraction Using Convergent Evidence".
L.S. Baumann (Ed.), Proc. 'Image Understanding Workshop', Science Aplications, Inc. Arlington, VA, April 1977, pp. 58-64.

Milgram, D.L.
(B)

"Progress Report on Segmentation Using Convergent Evidence".
L.S. Baumann (Ed.), Proc. 'Image Understanding Workshop', Science Applications, Inc., Arlington VA, Oct. 1977, pp. 104-108.

Milgram, D.
Hermann, M.

"Clustering Edge Values for Threshold Selection".
Computer Graphics and Image Processing 10 (1979), pp. 272-280.

Montanari, U.

"On the Optimal Detection of Curves in Noisy Pictures".
Communications of the ACM 14 (1971), pp. 335-345.

Mori, K.
Kidode, M.
Shinoda, H.
et.al.

"Design of Local Parallel Pattern Processor for Image Processing".
Proc. AFIPS, Vol 47, June 1978, pp. 1025-1031.

Mundy, J.L.
Joynson, R.E.

"Automatic Visual Inspection Using Syntactic Analysis".
Proc. IEEE Conf. on Pattern Recognition and Image Processing, Troy, N.Y., June 1977, pp. 144-147.

Nakagawa, Y.
Rosenfeld, A.

"Some Experiments on Variable Thresholding".
CS Report TR 626, Univ. of Maryland, College Park, MD, January 1978.

Nakagawa, Y.
Rosenfeld, A.

"A Note on Polygonal and Elliptical Approximation of Mechanical Parts".
Pattern Recognition $\underline{11}$ (1979), pp. 133-142.

Nakamura, K.
Edamatsu, K.
Sano, Y.

"Automated Pattern Inspection Based on 'Boundary Length Comparison Method'".
Proc. 4th Int. Joint Conf. on Pattern Recognition Kyoto, 1978.

Nawrath, R.

"LEITZ-T.A.S., neue Möglichkeiten der Bildanalyse".
LEITZ-Mitteilungen Wiss.- u. Techn. Band VII (1979) 6, Wetzlar, pp. 168-173.

Nevatia, R.
Babu, K.R.

"Linear Feature Extraction and Description".
Proc. 6th Int. Joint Conf. on Artificial Intelligence, Tokyo, Auf. 1979, pp. 639-641.

Nita, Y.

"Visual Identification and Sorting with TV-Camera Applied to Automated Inspection Apparatus".
Proc. 10th Int.Symp. on Industrial Robots Milan, Italy, March 1980, pp. 141-152.

Nudd, G.R.
Nygard, P.A.
Erickson, J.L.

"Image Processing Techniques Using Charge-Transfer Devices".
Proc. 'Image Understanding Workshop'. Palo Alto, CA. USA, Oct. 1977, pp. 1-6.

Nudd, G.R.
Nygard, P.A.
Fouse, S.D.
Nussmeier, T.A

"Implementation of Advanced Real-Time Image Understanding Algorithms".
Proc. 'Image Understanding Workshop', Palo Alto, CA. USA, April 1979, pp. 151-157.

O'Gorman, F.

"Edge Detection Using Walsh Functions".
Artificial Intelligence 10 (1978), pp. 215-223.

Ohlander, R.
Price, K.
Reddy, D.R.

"Picture Segmentation Using a Recursive Region Splitting Method".
Computer Graphics and Image Processing 8 (1978), pp. 313-333.

Olsztyn, J.T.
Rossol, L.
Dewar, R.
Lewis, N.R.

"An Application of Computer Vision to a Simulated Assembly Task".
Proc. 1st Int. Joint Conf. on Pattern Recognition, Washington D.C., Oct-./Nov. 1973, pp. 505-513.

Panda, D.P.
Rosenfeld, A.

"Image Segmentation by Pixel Classification in (Gray-Level, Edge Value) Space".
IEEE Trans. Comp. C-27 (1978) 9, pp. 875-879.

Pavlidis, T.

"Structural Pattern Recognition: Primitives and Juxtaposition Relations".
in: S. Watanabe (ed.) "Frontiers of Pattern Recognition", Academic Press, N.Y., 1972, pp. 421-451.

Pavlidis, T.

"Structural Pattern Recognition".
Springer Verlag, Berlin, 1977.

Pavlidis, T.

"A Review of Algorithms for Shape Analysis".
Computer Graphics and Image Processing 7 (1978) pp. 243-258.

Perkins, W.A.

"Model-Based Vision System for Scenes Containing Multiple Parts".
Proc. Int. Joint Conf. on Artificial Intelligence, Tokyo, Japan, Aug. 1977, pp. 678-684.

Perkins, W.A.

"Computer Vision Classification of Automotive Control Arm Bushings".
Proc. IEEE 3rd Int. Computer Software & Applications Conference COMPSAC 79, Chicago, Ill., November 1979, pp. 344-349.

Perkins, W.A.

"Area Segmentation of Images Using Edge Points".
IEEE Trans. PAMI-2 (1980) 1, pp. 8-15.

Prager, J.M.

"Extracting and Labeling Boundary Segments in Natural Scenes".
IEEE Trans. PAMI-2 (1980) 1, pp. 16-27.

Prewitt, J.M.S.

"Object Enhancement and Extraction".
in: B. Lipkin, A. Rosenfeld (Eds.). 'Picture Processing and Psychopictorics'. Academic Press. 1970, pp. 75-149.

Pugh, A.
Waddon, K.
Heginbotham, W.B.

"A Microprocessor-Controlled Photo-Diode Sensor for the Detection of Gross Defects".
Proc. 3rd Int. Conf. on Automated Inspection and Product Control, Nottingham, UK, April 1978, pp. 299-312.

Restrick III, R.C.

"An Automatic Optical Printed Circuit Inspection System".
Proc. SPIE Vol. 116 'Solid State Imaging Devices', 1977, pp. 76-81.

Ridler, T.W.
Calvard, S.

"Picture Thresholding Using an Iterative Selection Method".
IEEE Trans. SMC-8 (1978) 8, pp. 630-632.

Ringshauser, H.

"Digitale Bildsensoren für industrielle Anwendungen in Sichtprüfung, Handhabung, Ablaufsteuerung und Prozeßregelung".
LEITZ-Symposium "Quantitative Bildauswertung und Mirkoskopphotometrie, Wetzlar, Sept. 79, Sonderheft MICROSCOPIA ACTA, Hirzel Verlag, Stuttgart, 1980, pp. 298-302.

Riseman, E.M.
Arbib, M.A.

"Computational Techniques in the Visual Segmentation of Static Scenes".
Computer Graphics and Image Processing $\underline{6}$ (1977) pp. 221-276.

Riseman, E.M.
Hanson, A.R.

"Segmentation of Natural Scenes".
in: HANSON & RISEMAN (Eds.): 'Computer Vision Systems', Academic Press, N.Y. 1978, pp. 129-163.

Roberts, L.G.

"Machine Perception of Three-Dimensional Solids".
In: J. Tipett, D. Berkowitz, L. Clapp, C. Koester & A. Vanderbruth (Eds.), Optical and Electro-optical Information, M.I.T. Press, 1965, pp. 159-197.

Robinson, G.S.
Reis, J.J.

"A Real-Time Edge Processing Unit".
Proc. of IEEE Workshop on 'Picture Data Description and Management', Chicago, III., U.S.A., April 1977, pp. 155-164.

Robinson, G.S.

"Detection and Coding of Edges Using Directional Masks".
Opt. Engr. 16 (1977) 6, pp. 580-585.

Rosen, C.
Nitzan, D.
et.al.

"Exploratory Research in Advanced Automation".
5th Report, Stanford Research Institute, Menlo Park, CA, USA, Jan. 1976.

Rosen, C.A.

"Machine Vision and Robotics: Industrial Requirements".
In: 'Computer Vision and Sensor-Based Robots' G.G. Dodd & L. Rossol (Eds.), Plenum Press, N.Y., 1979, pp. 3-20.

Rosenfeld, A.
Thurston, M.

"Edge and Curve Detection for Visual Scene Analysis".
IEEE Trans. Comp. C-20 (1971), pp. 562-569.

Rosenfeld, A.
Kak, A.

"Digital Picture Processing".
Academic Press, N.Y., 1976.

Rosenfeld, A.

"Interactive Methods in Image Analysis".
Proc. IEEE Conf. on Pattern Recognition & Image Proc. Troy, N.Y., 1977, pp. 14-18.

Rosenfeld, A.
Hummel, R.A.
Zucker, S.

"Scene Labeling by Relaxation Operations".
IEEE Trans. SMC-6 (1976), pp. 420-433.

Saraga, P.
Skoyles, D.R.

"An Experimental Visually Controlled Pick and Place Machine for Industry".
Proc. 3rd International Joint Conf. on Pattern Recognition, Coronado, CA, November 1976, pp. 17-21.

Schärf, R.   "Untersuchungen   zur   mehrkanaligen
                              Bildverarbeitung und Objektseparie-
                              rung".
                              Proc.   'Digital   Image   Processing',
                              GI/NTG conference, March 1977, Mu-
                              nich, H.-H. Nagel (Ed.), Informatik-
                              Fachberichte   8,   Springer-Verlag,
                              1977, pp. 280-294.

Shapiro, L.G.   "A Structural Model of Shape".
                              CS Dept. Tech. Report CS 79003-R, Vir-
                              ginia Polytechnic Institute & State
                              Univ., Blacksburg, VA, USA, April
                              1979.

Shirai, Y.   "Recognition   of   Real-World   Objects
                              Using Edge Cues".
                              In: Hanson, A. & E. Riseman (Eds.):
                              'Computer Vision Systems', Academic
                              Press, N.Y., 1978, pp. 353-362.

Slansky, J.   "Image Segmentation and Feature Ex-
                              traction".
                              IEEE Trans on Systems, Man, and Cyber-
                              netics SMC-8 (1978) 4, pp. 237-247.

Spur, G.   "Optisches Erkennungssystem mit Halb-
Kraft, H.-R.   leiterbildsensoren zur Steuerung von
Sinning, H.   Industrierobotern".
                              ZwF 73 (1978) 7, pp. 363-366.

Sterling, W.M.   "Automatic Non-Reference Inspection
                              of Printed Wiring Boards".
                              Proc. IEEE Conf. on Pattern Recogni-
                              tion and Image Processing, Chicago,
                              Ill., August 1979, po. 93-100.

Steusloff, H.   "Wege zu sehr fortgeschrittenen Hand-
(Ed.)   habungssystemen".
                              Fachberichte   Messen-Steuern-Regeln,
                              Band 4, Springer-Verlag, Berlin,
                              1980.

Stockman, G.C.
Agrawala, A.K.

"Equivalence of Hough Transformation To Template Matching".
'Interactive Screening of Reconnaissance Imagery' L.N.K. Corp., AMRL-TR-76-15, Silver Spring, Md, June 76, pp. 105-114.

Tani, K.
Abe, M.
Tanie, K.
Ohno, T.

"High Precision Manipulator with Visual Sense".
Proc. 7th Int. Symp. on Industrial Robots, Tokyo, October 1977, pp. 561-568.

Tenenbaum, J.M.
Kay, A.C.
Binford, T.
Falk, G.
Feldman, J.
Grape, G.
Paul, R.
Pingle, K.
Sobel, I.

Proc. Int. Joint Conf. on Artificial Intelligence, D.A.Walker & L.M. Norton (Eds. 1969), pp. 521-526 a.

Thissen, F.L.A.M.

"Ein Gerät für die automatische optische Kontrolle von Verbindungsleiterbahnmustern für integrierte Schaltungen".
Philips Technische Rundschau $\underline{37}$ (1977/'78) Nr. 4, pp. 85-96.

Toda, H.
Masaki, I.

"Kawasaki Vision System - Model 79A".
Proc. 10th Int. Symp. on Industrial Robots, Milan, Italy, March 1980, pp. 163-174.

Tokumitsu, J.
Kawata, S.
Ichioka, Y.
Suzuki, T.

"Adaptive Binarization Using A Hybrid Image Processing System".
Applied Optics $\underline{17}$ (1978) No. 16, Aug., pp. 2655-2657.

Tropf, H.

"Analysis-by-Synthesis Search to Interpret Degraded Image Data.
1st International Conference on Robot Vision and Sensory Controls, Stratford-on-Avon, UK. April 1-3, 1981.

Vanderburg, G.
Albus, J.S.
Barkmeyer, E.

"A Vision System for Real Time Control of Robots".
Proc. 9th Int. Symp. on Industrial Robots, Washington D.C., March 1979, pp. 213-231.

Veillon, F.

"One Pass Computation of Morphological and Geometrical Properties of Objects in Digital Pictures".
Signal Processing $\underline{1}$ (1979) 3, pp. 175-189.

Ward, M.R.
Rossol, L.
Holland, S.W.
Dwar, R.

"CONSIGHT: A Pracitical Vision-Based Robot Guidance System".
Proc. 9th Int. Symp. on Industrial Robots, Washington D.C., March 1979, pp. 195-211.

Wedlich, G.

"Serienreifes Gerät zur lokaladaptiven Videosignalverarbeitung".
IITB-Mitteilungen 1977, Fraunhofer-Gesellschaft, Karlsruhe, pp. 24-26.

Willett, T.J.
Bluzer, N.

"CCD Implementation of An Image Segmentation Algorithm".
Proc. Image Understanding Workshop', Science Applications, Palo Alto, CA, USA, 1977, pp. 9-11.

Willett, T.J.
Brooks, C.W.
Tisdale, G.E.

"Relaxation, Systolic Arrays and Universal Arrays".
Proc. Image Understanding Workshop Palo Alto, CA, USA, April 79, pp. 164-170.

Wolf, H.

"Optisches Abtastsystem zur Identifizierung und Lageerkennung dreidimensionaler Objekte".
Feinwerktechnik & Meßtechnik 87 (1979) 2, pp. 86-88.

Yachida, M.
Ikeda, M.
Tsuji, S.

"A Knowledge Directed Line Finder for Analysis of Complex Scenes".
Proc. IJCAI '79, Tokyo, August 79, pp. 984-991.

Zamperoni, P.

"Darstellung von Binärbildern mit Hilfe von Dilatierten Kernen".
in: J.P. Foith (Ed.): 'Angewandte Szenenanalyse', Informatik-Fachbericht 20, Springer-Verlag, Berlin, 1978, pp. 124-128.

Zucker, S.W.,
Hummel, R.A.,
Rosenfeld, A.

"An Application of Relaxation Labeling to Line and Curve Enhancement".
IEEE Trans. Comp. C-26 (1977) 4, pp. 394-403.

Zurcher, J.M.

"Conception D'Un Systeme De Perception Visuelle Pour Robot Industriel".
Compte rendus des Journées de Microtechnique, Ecole Polytechnique Federale, Lausanne, 1978, pp. 175-193.

Zurcher, J.M.

"Extraction de contours en traitment électronique des images.
II. Processeur spécialisé pour signal vidéo".
Bull. ASE/UCS (Switzerland) 70 (1979) 11, 9 juin, pp. 532-536.

Sachverzeichnis

R. Isermann

Digitale Regelsysteme

1977. 131 Abbildungen. XX, 554 Seiten.
Gebunden DM 88,-. ISBN 3-540-07752-9

Das Buch behandelt digitale Regelsysteme
mit Prozeßrechnern und Mikrorechnern.
Dabei werden sowohl einschleifige digitale
Regelkreise für deterministische und stocha-
stische Störungen, als auch digitale Kaska-
den-Regelungen, Störgrößenaufschaltungen,
Mehrgrößen-Regelungen und digitale adaptive Regelungen betrachtet. Die Synthese
von Regelalgorithmen wird für folgende
Regelsysteme ausführlich behandelt: para-
meteroptimierte Regler vom PID-Typ,
Kompensations-Regler, Deadbeat-Regler,
Minimal-Varianz-Regler und Zustandsregler
mit Beobachter oder Zustandsfilter. Die
dabei verwendeten Methoden sind: rechner-
gestützter Entwurf, Regeln für die Parame-
tereinstellung sowie selbsteinstellende
Regelalgorithmen. Sämtliche Regelalgorithmen werden verglichen und es werden
Ergebnisse ihres praktischen Einsatzes
gezeigt. Durch geeignete Kombination von
On-line-Idendifikationsverfahren und Regelalgorithmen erhält man schnell konvergie-
rende adaptive digitale Regelsysteme, deren
Verhalten untersucht wird. Es folgen
Angaben zum Einfluß der Amplituden-
quantisierung, zur analogen und digitalen
Störsignalfilterung und zur Stellgliedan-
steuerung.

R. Isermann

Digital Control Systems

Revised and enlarged edition of the German
book „Digitale Regelsysteme" 1977, trans-
lated by the author in cooperation with
D. W. Clarke

1981. 159 figures. XVIII, 566 pages.
Cloth DM 96,-. ISBN 3-540-10728-2

G. Schmidt

Grundlagen der Regelungstechnik

Mathematische Beschreibung, Verhalten,
Stabilität, Entwurf linearer und einfacher
nichtlinearer Regelungen

Hochschultext

1982. 152 Abbildungen, 22 Tabellen,
62 Beispiele. XV, 310 Seiten. DM 34,-.
ISBN 3-540-11068-2

Mit Hilfe dieses Lehrbuchs können sich
Studierende systematisch in die Prinzipien
und methodischen Grundlagen der Regelungstechnik einarbeiten. Es hat in der
Konzeption sowie dank beispielhaftem
Vorgehen bei der Vermittlung theoretischer
Sachverhalte, anschaulicher Darstellung
und eingestreuter Zahlenbeispiele mehr
Lern- als Lehrbuchcharakter.
Der Autor geht von phänomenologischen
Betrachtungen über Steuerungen und Regelungen aus und behandelt anschließend
grundlegende Verfahren der mathema-
tischen Systembeschreibung von Regel-
kreisgliedern und die verschiedenen
Möglichkeiten ihrer Ausdeutung. Dabei
wird versucht, über das Mittel der Analogie-
betrachtung einen einheitlichen Zugang zur
regelungstechnischen Modellbildung zu
vermitteln. Nach der Diskussion der grundsätzlichen Eigenschaften der signalmäßigen
Rückführungs- und Kreisstruktur werden
das Verhalten linearer Regelkreise und die
Prinzipien der gerätetechnischen Verwirkli-
chung von Standardreglern erläutert. Dann
folgen Ausführungen über die Stabilität
linearer Regelsysteme, über Ansatzmöglich-
keiten für den Regler- und Regelkreisent-
wurf sowie über eine wichtige Klasse nichtlinearer Regelungssysteme.

Springer-Verlag Berlin Heidelberg New York

Messen, Steuern und Regeln in der Chemischen Technik

Herausgeber: J. Hengstenberg, B. Sturm, O. Winkler

3. neubearbeitete Auflage

Die 2. Auflage von **Messen und Regeln in der Chemischen Technik** hat 16 Jahre als Standardwerk der Meßtechnik, Steuerungstechnik und Regelungstechnik gedient. In der 3. Auflage, die wegen der technischen und strukturellen Entwicklung und Ausdehnung des Gesamtgebietes notwendig geworden ist, wird im Titel der Begriff „Steuern" mitaufgenommen und das Werk neu aufgeteilt.
Die Veränderungen und Verbesserungen haben zu einer nahezu völligen Neubearbeitung gegenüber der 2. Auflage geführt, wobei durchgehend die SI-Einheiten benutzt werden.

Band 1

Betriebsmeßtechnik I

Messung von Zustandsgrößen, Stoffmengen und Hilfsgrößen

1980. 686 Abbildungen in 822 Teilbildern, 67 Tabellen.
XVII, 788 Seiten
Gebunden DM 298,–
Subskriptionspreis gültig bei Abnahme des Gesamtwerkes
Gebunden DM 238,40
ISBN 3-540-08672-2

Inhaltsübersicht: Temperaturmessung. – Druckmessung. – Durchflußmeßtechnik. – Volumenmessung. – Wägetechnik. – Dosierverfahren. – Standmessung. – Dickenmessung. – Drehzahlmessung. – Schwingungsmessung. – Schallmessung. – Meßumformung und Signalverarbeitung. – Sachverzeichnis.

Im Band 1 nehmen, ihrer Bedeutung für die Prozeßführung entsprechend, die Betriebsmeßverfahren für die „klassischen" Prozeßgrößen (Temperatur, Druck, Durchfluß und Stand), sowie die Wäge- und Dosierverfahren den größten Umfang ein. Über die Methoden zur Messung von „Hilfsgrößen", die fallweise im Chemiebetrieb verlangt werden, wie Dichte, Drehzahl, Schwingungen und Schall orientieren kürzere Beiträge. Ein besonderer Abschnitt ist den Anzeige- und Registrierverfahren gewidmet.

Band 2

Betriebsmeßtechnik II

Messung von Stoffeigenschaften und Konzentrationen (Physikalische Analytik)

1980. 450 Abbildungen in 502 Teilbildern, 57 Tabellen.
XVI, 673 Seiten
Gebunden DM 282,–
Subskriptionspreis gültig bei Abnahme des Gesamtwerkes
Gebunden DM 225,60
ISBN 3-540-09285-4

Inhaltsübersicht: Optische Betriebsanalysengeräte. – Gasanalyse mittels Paramagnetismus. – Gasanalyse durch Messung der Wärmeleitfähigkeit. – Messung der Wärmetönung zur Gasanalyse und Brennwertbestimmung. – Stoffanalyse durch Messung der Dichte. – Feuchtemessung. – Staubmeßverfahren. – Prozeßchromatographie. – Elektronische Meßmethoden. – Rheologische Betriebsmeßverfahren. – Volumetrische Analysenverfahren. – Handprüfmethoden. – Spezielle physikalische Analysenverfahren für Betriebszwecke. – Eich- und Prüfgasgemische und ihre Herstellung. – Entnahmetechnik. – Meßstrategie und Qualitätskriterien. – Planung, Ausführung und Betreuung von Analysenmeßanlagen. – Übersicht über verschiedene Analysenverfahren (Auswahlschema). – Sachverzeichnis.

Im Band 2 ist das Gebiet der Physikalischen Analytik zusammengefaßt worden. Besonders aktuelle Gebiete, wie Prozeßchromatographie und Spurenmeßverfahren nehmen einen breiteren Umfang ein. Die Ausrichtung auf die Belange des Betriebes wurde beibehalten, d.h. Laboratoriumsverfahren nur soweit behandelt, als sie für die Betriebsanalyse von Bedeutung sein können.

Band 3

Meßwertverarbeitung zur Prozeßführung I

(Analoge und binäre Verfahren)

1981. 451 Abbildungen in 515 Teilbildern. XII, 500 Seiten
Gebunden DM 210,–
Subskriptionspreis
Gebunden DM 168,–
ISBN 3-540-10092-X

Inhaltsübersicht: Allgemeines über Regelung und Steuerung. – Die Regeleinrichtung. – Stellglieder. – Die Regelstrecke. – Der Regelkreis. – Mehrgrößenregelung. – Regelung von Anlagen. – Steuerungen. – Sachverzeichnis.

Im Band 3 wird die „klassische" Regelungs- und Steuerungstechnik eingehend behandelt. Gegenüber der zweiten Auflage wurde die Regelung von Anlagen, bzw. Verfahren, an Hand von mehreren typischen Beispielen erweitert dargestellt. Hierbei tritt der Erfahrungsschatz des Anwenders besonders hervor. Der Steuerungstechnik ist entsprechend ihrer gewachsenen Bedeutung ein eigenes Kapitel gewidmet.

Band 4

Meßwertverarbeitung zur Prozeßführung II

(Digitale Verfahren)
1983. ISBN 3-540-11668-0
In Vorbereitung

Band 5

Projektieren und Betreiben von Meß-, Steuer- und Regelsystemen

In Vorbereitung

Springer-Verlag
Berlin
Heidelberg
New York